Inhalt

Block I: Eine **Umfrage** durchführen

Block II: Diagramme lesen

Inhalt

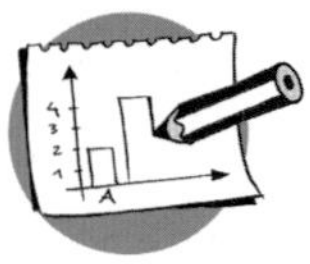

Block III: Diagramme zeichnen

Block IV: Fachbegriffe Spannweite, Rangliste und Zentralwert

Anhang

Vorwort

Die Förderung der Sprachkompetenz zählt seit PISA zu einem der obersten schulischen Anliegen im deutschsprachigen Raum. In direkter Linie dazu steht die Forderung, dass ausnahmslos jeder Unterricht als Sprachunterricht verstanden werden sollte. Dementsprechend kann die Steigerung der Sprach- und Lesekomeptenzen nicht mehr allein in der Verantwortung des Deutschunterrichts liegen. Auch eine additive Sprachförderung stößt in diesem Zusammenhang schnell an ihre Grenzen. Der moderne Fachunterricht ist aufgefordert, sich verstärkt den Standards eines Sprachunterrichts zu öffnen und Strukturen der Spracharbeit zu implementieren.

Es gilt also im Fachunterricht, Sprachlernbedingungen zu schaffen, die die Spezifikationen der Fachsprache aufgreifen und dem Schüler die Fachsprache zugänglich machen. Die typischen syntaktischen und morphologischen Besonderheiten jeder Fachsprache werden am besten im Fach selbst aufgegriffen und geklärt. Fachwörter mit definierter Bedeutung und die immer wieder auftauchenden Komposita werden für den Schüler verständlicher, wenn für ihr inhaltliches Erfassen und Anwenden im Fach selbst ausreichend Raum und Zeit gegeben wird. Kurze Lernwege bieten die Chance für ein nachhaltigeres Lernen.

Das vorliegende Unterrichtsmaterial erhebt den Anspruch, im Fach Mathematik eine erweiterte Sprachbildung zu eröffnen. Dabei richtet es sich mit seinen sprachfördernden Komponenten maßgeblich an die große Gruppe von Schülern mit Migrationshintergrund. Schüler also, die mit „Deutsch als Zweitsprache" (DaZ) aufwachsen. Denn gerade bei vielen dieser Schüler besteht nach PISA vermehrter Sprachlernbedarf. Seit PISA ist hier ein erheblicher Teil der sogenannten „Risikoleser" auszumachen. Risikoleser bleiben auch nach neun oder mehr Schuljahren auf der Lesekompetenzstufe I stehen (Schüler dieser Stufe verstehen in sehr einfachen Texten lediglich klar zu identifizierende Hauptaussagen. Konkrete oder abstraktere Transferleistungen werden z. B. nicht geleistet. Anm. d. Autoren). In der Regel scheitern diese Schüler aufgrund ihrer geringen sprachlichen Beweglichkeit an den vielen unverstanden Fachwörtern sowie den zahlreichen Nebensätzen. Beide Elemente sind jedoch charakteristisch für eine Fachsprache. DaZ-Schüler sind somit regelmäßig überfordert, wenn sie gleichzeitig fachlich lernen und sich fachsprachlich äußern müssen. In der Fortführung dessen können sie Verständnisfragen nicht präzise genug stellen, geschweige denn Aufgaben zum Thema beantworten. Die vorliegenden Arbeitsblätter sind deshalb sprachlich so gestaltet, dass sie auch DaZ-Lernern den Zugang und die Vertiefung von mathematischem Basiswissen und Zusammenhängen ermöglichen.

Das Material zeichnet sich dementsprechend wie folgt aus:
Der Anteil der Spracharbeit ist hoch. Der Schüler wird kleinschrittig an mathematische Fachbegriffe herangeführt. Die erklärenden Texte sind entlastet. Vermehrt kurze Sätze erleichtern die Informationsaufnahme beim Lesen („Bottum-up"-Lesen). Regelmäßige Fragen zum Text lassen die Schüler rezeptiv mit der Fachsprache arbeiten. Sinnentnehmendes Lesen wird immer wieder geübt und eingefordert. Eingebaute Hilfen erlauben es auch schwächeren Schüler zum Lernerfolg zu kommen. Über unterschiedlichste Aufgabenformen (z. B. Wortverstecke, Kreuzworträtsel, Lückentexte etc.) werden Lerninhalte überprüft und gesichert. Häufig werden sprachliche Muster eingeübt, anhand derer die Schüler die Lösung von mathematischen Grundlagen einüben und festigen. Außerdem wird regelmäßig zur eigenen Sprachproduktion angeregt. Die Aufgaben fordern die Schüler also immer wieder auf, sich mit Fachsprache auseinanderzusetzen, sie umzuwälzen und das Fachvokabular anzuwenden.

Die Unterrichtspraxis zeigt, dass die Schülersprache bei der Arbeit mit dem Material präziser wird. In kleinen Schritten gelingt es den Schülern besser, sich fachspezifisch zu artikulieren. Sie sind zunehmend in der Lage, anderen über Inhalte zu berichten oder Lerngegenstände zu erklären. Das entlastet gleichsam den Lehrkörper. Es verschafft ihm Zeit, sich im Sinne eines binnendifferenzierten Unterrichts individueller um einzelne Schüler zu kümmern.

Neben den sprach(lern-)fördernden Qualitäten bietet das Material einen weiteren Vorzug. Es eignet sich hervorragend, den Schüler selbstständig lernen zu lassen. Die Materialien sind selbsterklärend, sodass die Schüler sich die Lerninhalte eigenverantwortlich erarbeiten können. Je nach Lerntyp können die Schüler die Sozialform frei wählen. Die meisten Aufgaben lassen sich sowohl in Einzel-, wie in Partner-, oder Gruppenarbeit bearbeiten. Zu allen Arbeitsblättern liegen fertige Lösungsbögen bei, die den Schülern eine Selbstkontrolle ermöglichen. Die Schüler können so eigene Fehler entdecken und korrigieren und somit Eigenverantwortung für den eigenen Lernprozess beweisen.

Als Grundlage für die selbstständige Arbeit empfiehlt sich das beigefügte Kompetenzraster. In seiner Gestalt orientiert es sich an den Anforderungen des europäischen Sprachenportfolios und den Checklisten wie sie zum Beispiel das Institut Beatenberg in der Schweiz verwendet. Schülernahe Formulierungen machen die Lerninhalte transparent und die Anforderungen der unterschiedlichen Kompetenzstufen überschaubar. Die Kompetenzen bauen aufeinander auf. Beginnend mit einer Einsteigerkompetenz erarbeiten sich die Schüler die Lerninhalte nach ihrem eigenem Tempo und Leistungsvermögen. So ist eine nötige Verbindlichkeit gewährleistet, während gleichzeitig eine große Binnendifferenzierung den starken und schwachen Schülern die nötigen Forderung und Förderung abverlangt.

Schlussendlich zeigen die Erfahrungen, dass es sich gerade für die Sprachbildung lohnt, den Schüler – und insbesondere den DaZ-Lerner – zum Reflektieren seiner Lernprozesse und -erfolge anzuregen. Im Unterricht bewährte sich dabei die Einführung diverser Werkzeuge und Methoden, wie sie im Folgenden aufgezählt werden:

- das Logbuch – ein persönliches Tagebuch für die Lernziele und Lernerfolge des Tages.
- Das Portfolio – ein Ordner für das im Unterricht Gelungene, das den einzelnen Schüler stolz macht.
- Das Reflekting-Team – eine Methode für den Austausch in der Tischgruppe über das bereits erworbene Wissen zu einem Themenbereich.
- Das Feedback – die Rückmeldung nach einer Präsentation o. Ä., in der stets zuerst das Gelungene Erwähnung findet und in den zweiten Phasen Tipps zur Verbesserung kommen können.

Ein derart angelegter Fachunterricht bietet dem Schüler Möglichkeiten, seine Lernerfolge in den Mittelpunkt zu stellen, sie öffentlich zu machen. Jede wahrgenommene Leistung gibt einen willkommenen Anlass für eine würdigende Kommunikation – entweder im Plenum oder zwischen den Schülern selbst. Aber auch immer wieder im Dialog zwischen dem Schüler und seinem Lehrer. Gerade hier kann auf der Grundlage der Lernerfolge das stattfinden, was in der neueren Literatur als „Coaching“ bezeichnet wird.

Die Folge dieses Unterrichtsansatzes, in dem sich immer wieder Zeit genommen wird, um das Erreichte zu betrachten, ist: Der Schüler fühlt sich wahr- und ernst genommen und macht sich immer deutlicher auf den Weg, sich selbst als denkenden Lerner zu entdecken und zu begreifen. Das „Ich muss XY lernen“ wird langsam und immer öfter ersetzt durch ein „Ich will XY lernen“. Dazwischen steht das offen ausgesprochene „Ich habe etwas gelernt. Ich kann jetzt XY“. Das Lernen beginnt mehr und mehr zu einer intrinsischen Angelegenheit zu werden. Der Schüler wächst zum eigenständigen Lerner heran.

Die Erfahrungen aus der laufenden Arbeit zeigen, wie gerade DaZ-Schüler durch eine derartige Unterrichtgestaltung wachsen. Analog zum Wortschatz und dem Sprachgefühl wächst gerade bei diesen Schülern das oft nur gering vorhandene Selbstwertgefühl.

In diesem Sinne:
Viel Freude und Erfolg beim Lernen!

Die Autoren

Kompetenz-Raster: Statistik für Anfänger

Lernbüro Mathe | Schuljahr:

	Einsteiger		Fortgeschrittener	Experte
Hier lerne ich eine **Umfrage** durchzuführen und die Ergebnisse aufzuschreiben.	Ich kann meine Klassenkameraden freundlich nach etwas/ nach Daten fragen.	Ich kann gesammelte Daten ordnen.	Ich kann geordnete Daten auswerten und dabei wichtige Begriffe wie die Umfrage, das Sortieren, die Urliste, die Strichliste, die Häufigkeitstabelle anwenden.	Ich kann eine eigene Umfrage planen, durchführen und auswerten. Dazu schreibe ich eine Urliste und eine Häufigkeitstabelle mit Strichliste.
1	Training: AB 1.1, AB 1.2	Training: AB 1.3, AB 1.4, AB, 1.5	Training: AB 1.6, AB 1.7, AB 1.8, AB 1.9, AB 1.10, AB 1.11 AB 1.12, AB 1.13, AB 1.14 AB 1.15, AB 1.16	Training: AB 1.17, AB 1.18
Hier lerne ich verschiedene **Diagramme** zu lesen und auszuwerten.	Ich kenne die folgenden Begriffe: • das Säulendiagramm • das Achsenkreuz • die X-Achse und die Y-Achse Ich kann mit diesen Begriffen arbeiten.	Ich kann Daten aus einem Säulendiagramm ablesen und aufschreiben, was dargestellt ist.	Ich kann Säulendiagramme miteinander vergleichen.	Ich kann ein Kreisdiagramm lesen.
2	Training: AB 2.1, AB 2.2, AB 2.3	Training: AB 2.4, AB 2.5, AB 2.6; AB 2.7, AB 2.8, AB 2.9	Training: AB 2.10, AB 2.11, AB 2.12, AB 2.13	Training: AB 2.14, AB 2.15, AB 2.16
Hier lerne ich, wie ich Ergebnisse aus einer Umfrage **zeichnerisch darstellen** kann.	Ich kann die Ergebnisse einer Umfrage als Säulen in ein vorgegebenes Achsenkreuz einzeichnen.		Ich kann ein eigenes Achsenkreuz zeichnen, sinnvoll einteilen und ein Säulendiagramm erstellen.	Ich kann zu den Ergebnissen meiner Umfragen ein Achsenkreuz mit passenden Größen erstellen und ein Balkendiagramm einzeichnen.
3	Training: AB 3.1, AB 3.2, AB 3.3		Training: AB 3.4, AB 3.5, AB 3.6, AB 3.7	Training: AB 3.8
Hier lerne ich weitere wichtige Begriffe der Statistik wie **Spannweite, Rangliste Zentralwert** kennen und übe, wie man sie berechnet.	Ich kann Daten der Größe nach ordnen und somit eine Rangliste erstellen.		Ich kann auch Zentralwerte ermitteln und Spannweiten errechnen.	Ich kann anspruchsvolle Aufgaben statistisch auswerten
4	Training: AB 4.1, AB 4.2, AB 4.3		Training: AB 4.4, AB 4.5, AB 4.6, AB 4.7, AB 4.8	Training: AB 4.9, AB 4.10

AB = Arbeitsblatt

PRÄSENTATION

Ich kann ein besonders gelungenes Arbeitsergebnis präsentieren und den Inhalt erklären.

Datum: ______________ Thema: ________________________________

Umfrage – Jemanden nach etwas fragen I

Name: Datum:

Du willst etwas wissen?
Kein Problem. Du kannst andere fragen.
Je freundlicher du das tust, umso leichter bekommst du eine Antwort.
Achte darauf, wann du jemanden mit „du“ und mit „Sie“ anredest.

Aufgabe 1:
Überlege dir, wie du nach etwas fragen kannst.
Beende die angefangenen Fragen.

INFO

Beispiel: *Aylin fragt ihre Freundin nach der Größe:*
„Wie groß bist du?“

a) Patrick fragt seinen Mannschaftskameraden nach dem Alter:

„Wie ____?“

b) Esra fragt ihre Lehrerin nach der Anzahl der Geschwister:

„Wie viele ____?“

c) Cem fragt die Freundin seiner Mutter, wo sie zur Schule gegangen ist.

„____?“

d) Paul fragt seine kleine Schwester, wie viele Stunden Unterricht sie heute in der Schule hat.

„____?“

e) Christiane fragt eine Verkäuferin im Supermarkt, wo sie die Schokolade finden kann.

„____?“

Name: | Datum:

Aufgabe 2
Wie könntest du fragen?
a) Schreibe die Frage einmal in der „Du-Form" und
b) einmal in der „Sie-Form" auf.

Du willst wissen, ...

a) ... wo ein anderer wohnt:

____ ?"

____ ?"

b) ... was dein Nachbar gern spielt:

____ ?"

____ ?"

c) ... welche Augenfarbe die andere hat:

____ ?"

____ ?"

Aufgabe 3
Lies die Antwort.
Wie hieß die Frage? Schreibe sie auf.

Beispiel: *Antwort: „Ich habe blonde Haare."*
Frage: „Welche Haarfarbe hast du?"

a) Antwort: „ Es ist 8:00 Uhr."

Frage: „____ ?"

b) Antwort: „In der zweiten Stunde haben wir Sport."

Frage: „____ ?"

c) Antwort: „Ich war auf der Grundschule Buddestraße."
Achtung: Setze die Satz-Zeichen („?") von nun an selbst!

Frage: ____ ?

Name: Datum:

Aufgabe 1
Wie könntest du hier freundlich fragen?

Fall 1: Du willst etwas rot anmalen und brauchst von deinem Nachbarn einen Buntstift.

___

Fall 2: Du willst von deinem Schulleiter wissen, ob morgen dein Matheunterricht ausfällt.

___

Fall 3: Du willst einen Polizisten nach dem Weg zur Bücherhalle fragen.

___

Fall 4: Du willst in die Pause und ein Junge steht dir im Weg.

___

INFO

Was ist das eigentlich: eine Umfrage?
Umfrage kommt von herumfragen. Wenn du mehreren Personen die gleiche Frage stellst und die Daten aufschreibst, machst du eine Umfrage.
Sinnvoll ist eine Umfrage eigentlich nur, wenn du die gesammelten Daten hinterher sortierst und auswertest.

Aufgabe 2
Lies dir die Aussagen sorgfältig durch und kreuze an, ob sie richtig oder falsch sind.

AUSSAGE	RICHTIG	FALSCH
Wenn ich jemanden frage, ob er einen Hund hat, habe ich eine Umfrage gemacht.		
Wenn ich 12 Leute frage, ob sie einen Hund haben, habe ich eine Umfrage gemacht.		
Wenn ich jemanden nach der Uhrzeit frage und jemand anderen nach dem Weg, habe ich eine Umfrage gemacht.		

Daten ordnen I

Name: Datum:

Wenn du jeden Mitschüler nach etwas fragst, bekommst du von jedem eine Antwort. Anders gesagt: Du bekommst von jedem eine Information. Insgesamt erhältst du also eine ganze Menge Informationen.
Ein anderes Wort für Informationen ist das Wort **Daten.** Du sammelst also eine Menge Daten, wenn du deine Mitschüler nach etwas fragst.

Wenn du deine ganze Klasse gefragt hast, hast du so viele Daten gesammelt, dass du sie irgendwie ordnen musst.
Du musst die Daten zu Gruppen zusammenfassen. Dazu nimmst du immer die Daten in eine Gruppe, die gleich sind. So schaffst du dir eine bessere Übersicht über deine Daten.
Ein anderes Wort dafür ist **sortieren.**

Aufgabe 1

a) Lies dir den Text oben gründlich durch und beantworte die Fragen.
b) Finde dann aus den Wörtern unten die heraus, die zu dem Begriff „sortieren" passen.
c) Male diese Wörter mit einem hellen Buntstift an.

1. Nenne ein anderes Wort für Informationen.

____

2. Warum fasst du Daten zu Gruppen zusammen?

____

____

Zu dem Begriff sortieren passen die folgenden Wörter:

rechnen

Gruppen bilden

Überblick verschaffen

Gleiches zusammentun

herumfragen

ordnen

laut sein

zusammenfassen

zeichnen

Nina Bödeker/Olaf Gent: Mathematik: Statistik für Anfänger

Daten ordnen II

Name: | Datum:

Aufgabe 1
Du hast jetzt gelernt, was sortieren bedeutet.
Hier sollst du jetzt gesammelte Daten sortieren.
Sieh dir als Erstes das Beispiel an.

Beispiel
Wenn du deine Mitschüler nach ihrer Haarfarbe gefragt hast, könnten deine Daten so aussehen:

blond **braun** **schwarz** **rot** **blond** **schwarz** **schwarz** **braun** **blond** **blond** **rot** **braun** **schwarz**

Wenn du diese Daten in Gruppen sortiert hast, sieht es so aus:

blond, blond, blond, blond	schwarz, schwarz, schwarz, schwarz	braun, braun, braun	rot, rot

Die Daten sind in 4 Gruppen sortiert worden.
Bei der nächsten Aufgabe kannst du gleich selbst versuchen, Daten zu sortieren.

Aufgabe 2
Hier wurden 9 Schüler nach ihrer Augenfarbe gefragt.
Die gesammelten Daten über die verschiedenen Augenfarben sind zunächst ganz schön durcheinander. Finde einen Weg, die Daten in Gruppen zu ordnen.
Der Kasten auf der nächsten Seite kann dir dabei helfen.

braun grün blau braun blau blau braun grün grün

Daten ordnen II

Name: | Datum:

So sehen meine Datengruppen aus:

Name: Datum:

Du hast eben gesammelte Daten geordnet. Du hast alle gleichen Daten zu einer Gruppe zusammengefasst. Daten ordnen bedeutet nichts anderes, als Ordnung zu schaffen. Wenn du etwas ordnest, bekommst du eine gute Übersicht. Ein anderes Wort für ordnen ist **sortieren.**

Aufgabe 1
Erkläre mit eigenen Worten, was …
a) sortieren bedeutet und
b) was Daten sind.

a) ______________________________

____

____

b) ______________________________

____

____

Aufgabe 2
Du hast schon die Haarfarben und die Augenfarben von Kindern sortiert.
Welche Dinge lassen sich sonst noch sortieren?
Nenne 2–5 weitere Beispiele.

Das Besteck, ______________________________

____

____

____

____

____

____

____

____

____

____

____

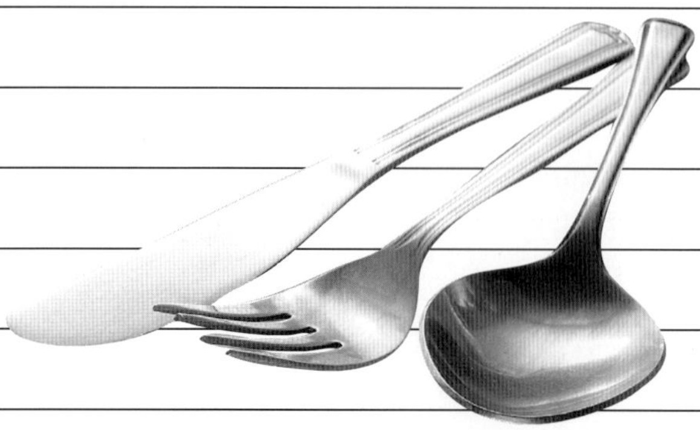

Daten ordnen III

Name: | Datum:

Aufgabe 3
Wie sortierst du die Gegenstände?
a) Lies dir die Beispiele durch und beende den angefangenen Satz.
b) Wähle dann aus Aufgabe 2 eines deiner eigenen Beispiele und erkläre, wie du deine Gegenstände sortieren kannst.

Beispiele:
Das Besteck sortiere ich nach Messern, Gabeln und Löffeln.
Die Augenfarbe von Kindern sortiere ich nach blau, braun, grün.

a) *Die Haarfarbe von Kindern sortiere ich nach ...*

b)

Aufgabe 4
Du hast auf diesem Arbeitsblatt etwas sehr Wichtiges gelernt!
Beantworte noch einmal die beiden Fragen, um sicherzugehen, dass du das Wichtigste wirklich behalten hast.

Was sind Daten?

Was bedeutet sortieren?

Die Urliste

Name: | Datum:

Du hast dich nun schon eine Weile mit dem Thema **Eine Umfrage durchführen** beschäftigt.
Du hast gelernt, wie du freundlich nach Daten fragen kannst.
Als Nächstes lernst du, wie du die Daten, die du sammeln willst, aufschreibst.
Zuerst fertigst du eine **Urliste** an.

INFO

Urliste bedeutet, dass du **alle Daten (Antworten), nacheinander** aufschreibst.
Wenn du also vier Schüler nach dem Alter gefragt hast, könnte deine Urliste so aussehen: 11, 10, 11, 12

Aufgabe 1

a) Befrage die Kinder deiner Tischgruppe nach ihrem Alter.
b) Trage die Zahlen in die Urliste ein.

Das Alter meiner Mitschüler am Tisch

Die Urliste:

____

____

____

____

____

____

____

Jetzt kannst du schon eine Umfrage durchführen und die Daten in einer Urliste aufschreiben.

Aufgabe 2

Man kann Umfragen auch schriftlich durchführen.
Du sollst jetzt an einer Umfrage teilnehmen.
Hole dir das Arbeitsblatt (1.10) **Eine schriftliche Umfrage durchführen** und beantworte die Fragen.
Danach gibst du die Umfrage bei deinem Lehrer ab.

Die Strichliste und die Häufigkeitstabelle

Name: | Datum:

Du hast schon eine ganze Menge gelernt. Du kannst eine Umfrage durchführen und deine Daten in einer Urliste aufschreiben. Du weißt auch, dass du die gesammelten Daten in Gruppen sortieren musst, um einen Überblick zu bekommen. Eine einfache Methode, Daten zu sortieren, ist die **Strichliste.**

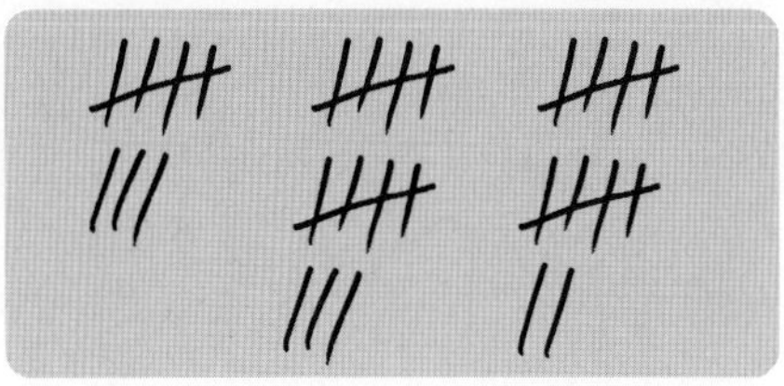

Eine Strichliste ist eine Liste mit Strichen.
Zuerst schreibst du die Gruppen, in die du deine **Daten sortieren** möchtest, in einer Tabelle untereinander.
Dann machst du für deine Daten einen Strich in die passende Zeile.

Beispiel:
Du hast eine Umfrage zum Thema Augenfarbe gemacht. Dies ist deine ***Urliste:*** *blau, braun, blau, grün, braun, braun, braun*

Dies ist die **Strichliste zu diesen Daten:**

Farbe	Anzahl
blau	//
braun	////
grün	/

Aufgabe 1

a) Sortiere jetzt deine Daten aus der Umfrage an deiner Tischgruppe (AB 1.4/Aufgabe 1) in eine Strichliste.

b) Hast du eine Idee, warum in dem Bild oben ab und zu ein Strich durch vier andere Striche geht?

a) Die Strichliste:

10 Jahre: ______________________________

11 Jahre: ______________________________

12 Jahre: ______________________________

b) Ein Strich wird schräg durch die anderen Striche gezeichnet, wenn ...

____

____

Die Strichliste und die Häufigkeitstabelle

Name: Datum:

INFO

Die Strichliste hilft dir also beim **Sammeln und Sortieren von Daten.** Wie ein Besteckkasten hat auch die Strichliste **verschiedene Fächer zum Sortieren.** Für jede Antwort aus deiner Umfrage hast du einen Strich hinter dem passenden Ereignis gemacht.

Manchmal werden in einer Umfrage sehr viele Menschen befragt, dann wäre selbst eine Strichliste noch sehr unübersichtlich. Deshalb werden die Striche gezählt und als ganze Zahl aufgeschrieben. Diese Zahl nennt man die **absolute Häufigkeit.** Jetzt kann man das Ergebnis einer Umfrage sofort ablesen.

In einer Umfrage wurden 13 Schüler befragt, wer ihr Lieblingslehrer ist.

Die **Urliste** sah so aus:
Herr Meier, Herr Özgül, Herr Meier, Frau Wiese, Frau Wiese, Herr Meier, Herr Özgül, Frau Wiese, Herr Özgül, Frau Wiese, Herr Meier, Herr Özgül, Frau Wiese.

Die **Häufigkeitstabelle** zu folgender Urliste würde so aussehen:

	Anzahl	**Absolute Häufigkeit**
Herr Meier	////	4
Frau Wiese	~~////~~	5
Herr Özgül	////	4

Zu einer Häufigkeitstabelle gehört eine Strichliste und eine zusätzlichen Spalte mit der absoluten Häufigkeit.

Aufgabe 2
Fülle jetzt die Häufigkeitstabelle mit den Daten aus deiner Umfrage (Aufgabe 1a) aus.

	Anzahl	**Absolute Häufigkeit**
10 Jahre		
11 Jahre		
12 Jahre		

Name: Datum:

Fatmir und Emre haben einige Schüler der neuen 5. Klassen befragt, was ihnen an der neuen Schule am besten gefällt. Aus den Daten, die sie gesammelt haben, haben sie eine Strichliste erstellt.

Mir gefällt besonders	**5a**	**5b**	**5c**	**5d**
die Kantine	𝍸 /	𝍸	𝍸	////
die Kickerspiele	////	𝍸 //	//	𝍸
die Lehrer	𝍸	//	𝍸 //	𝍸
die Pausenhalle	//	𝍸	𝍸	𝍸
die Nachmittagspause	/		/	
der Sportplatz	𝍸	𝍸	𝍸 //	𝍸

Aufgabe 1

a) Erstelle aus der Strichliste eine Häufigkeitstabelle.
Arbeite auf einem Extrablatt oder im Heft.

b) Was gefällt den 5.-Klässlern am besten?

zu b)

____

____

____

____

____

Name: | Datum:

Aufgabe 2
Vergleiche die Daten der Klassen miteinander. Was haben sie gemeinsam?
Gibt es Unterschiede?

Tipp: Gucke danach, was viele Schüler gern mögen und was wenige Schüler gern mögen.

Daten in eine Strichliste einordnen

Name: | Datum:

Die Klasse 5e sollte im Sportunterricht Basketball-Freiwürfe trainieren. Jeder hatte 5 Versuche. Wie viele Treffer die einzelnen Kinder gelandet haben, siehst du in der Tabelle unten.

Basketballkorb © Mike Eikenberry - Fotolia.com

Aufgabe
Fertige aus den gesammelten Daten zwei Strichlisten an:
eine für die Mädchen und eine für die Jungen.
Erstelle deine Tabelle auf einem Extrablatt.

Mädchen	Jungen
3 Treffer, 0 Treffer,	4 Treffer, 5 Treffer,
5 Treffer, 2 Treffer,	1 Treffer, 2 Treffer,
3 Treffer, 2 Treffer,	3 Treffer, 4 Treffer,
3 Treffer, 1 Treffer,	1 Treffer, 2 Treffer,
0 Treffer, 2 Treffer,	0 Treffer, 4 Treffer,
4 Treffer, 2 Treffer	2 Treffer, 2 Treffer

Eine schriftliche Umfrage durchführen

Name: | Datum:

Aufgabe

Du bist jetzt Teil einer Umfrage. Beantworte die Fragen.

a) Fülle den Fragebogen aus.

b) Gib das Blatt deinem Lehrer/deiner Lehrerin.

	Frage	Antwort
1.	Aus welchem Land stammst du?	
2.	Welche Schuhgröße hast du?	
3.	Wie viele Geschwister hast du?	
4.	Was sind deine Hobbys?	
5.	Was ist dein Lieblingsessen?	
6.	Was ist dein Lieblingstier?	
7.	Was ist deine Lieblingsfarbe?	
8.	Was ist dein Lieblingsschulfach?	

Das war bisher wichtig

Name: | Datum:

Aufgabe
Fülle die Lücken mit den richtigen Wörtern und benutze die passenden Begleiter, wenn es nötig ist.
Wenn du Hilfe brauchst, kannst du die Buchstaben der Wörter im Kasten in die richtige Reihenfolge bringen. Dann hast du die Wörter, die in die Lücken gehören.

Wenn du jemandem eine Frage stellst, ist seine Antwort eine Information.

Diese Informationen werden auch ______________________ genannt.

Wenn du mehreren Menschen dieselbe Frage stellst, führst du __________ ______________________ durch. Damit du die Antworten nicht wieder vergisst, schreibst du sie auf. Das, was du aufgeschrieben hast, ist __________ ______________________.

Nachdem du eine Urliste geschrieben hast, musst du die Daten sortieren. Dazu erstellst du zuerst eine ______________________. Wie ein Besteckkasten hat sie verschiedene Fächer zum ______________________. Für die Daten aus deiner Urliste machst du jeweils einen Strich hinter die passende Antwort. Nachdem du eine Strichliste erstellt hast, machst du ________ ______________________. Im Unterschied zur Strichliste stehen in dieser Tabelle ______________________ anstelle der Striche.

aUefmgr * ntaeD * Sonterrei * Utrlsie * Streitschli * Husigkeelleitftaöb * Zhnale

Daten auswerten

Name: Datum:

Du hast gelernt, wie du nach Daten fragen und wie du Daten sortieren kannst.
Was kannst du jetzt mit diesen Daten machen?

Auch für Wettbewerbe wie die „Bundesliga“ oder „DSDS“ (Deutschland sucht den Superstar) werden jede Menge Daten gesammelt und sortiert. Spannend wird es, wenn man diese **Daten auswertet.**
Dafür kann man die **Daten zählen und vergleichen.** Man erkennt danach, welche Mannschaft die beste Abwehr hat, wo die meisten Brasilianer im Team sind oder welcher Sänger eine Runde weiter ist.

Aufgabe 1
In einer Schülergruppe wurde eine Umfrage durchgeführt. Die gesammelten Informationen siehst du unten in der Tabelle. Du sollst diese Daten auswerten.
Daten auswerten hat etwas mit Zählen, genauer gesagt, mit Auszählen zu tun.
Zähle die Daten in der Tabelle aus und beantworte danach die Fragen in ganzen Sätzen.

Name	Mädchen (m) / Junge (j)	Lieblingsfarbe	Schwimmer
Fatma	m	blau	nein
Paul	j	gelb	ja
Caroline	m	gelb	nein
Sabrina	m	rot	nein
Turgut	j	blau	ja
Ercan	j	rot	nein
Merve	m	rot	nein
Annika	m	rot	nein

a) Wie viele Kinder wurden befragt?

____

b) Wie viele Mädchen sind in der Gruppe?

____

____

c) Wie viele verschiedene Lieblingsfarben nennen die Kinder?

____

____

Name: Datum:

Aufgabe 2
Erfinde selbst 1–2 Fragen zur Tabelle und gib eine Antwort auf deine Frage.
Hier gibt es sehr viele Möglichkeiten.

a) Frage: ______________________________

Antwort: ______________________________

b) Frage: ______________________________

Antwort: ______________________________

Aufgabe 3
Jetzt kannst du die ausgezählten Daten miteinander vergleichen.
Beantworte die Fragen in ganzen Sätzen.

a) Gibt es mehr Jungen oder mehr Mädchen in der Gruppe?

____

____

b) Gibt es mehr Schwimmer oder Nichtschwimmer in der Gruppe?

____

____

c) Welche Farbe mögen die meisten Schüler in der Gruppe am liebsten?

____

____

Du kannst jetzt Daten auswerten und vergleichen. In der Tabelle stehen sehr viele Daten, trotzdem gibt es noch Fragen, zu denen es keine Daten in der Tabelle gibt. Wenn nach solchen Daten gefragt wird, kannst du die Fragen natürlich nicht beantworten.

INFO

Aufgabe 4
Prüfe die folgenden Sätze. Kannst du wirklich alle überprüfen?
Schreibe wahr, falsch oder nicht überprüfbar dahinter.

Beispiel: *Es gibt weniger Jungen in der Gruppe.* ***wahr***
Die Mädchen schwimmen schneller als die Jungen. ***nicht überprüfbar***

INFO

a) Es sind 3 Mädchen in der Gruppe. ______________

b) Die Schüler basteln. Die meisten wählen blaues Papier. ______________

c) Fatma und Turgut haben die gleiche Lieblingsfarbe. ______________

d) Paul und Turgut sind die einzigen Schwimmer in der Klasse. ______________

e) Die Farbe Grün mögen die Schüler überhaupt nicht. ______________

Geburtstage in der Klasse

Name: | Datum:

Du hast jetzt viele wichtige Werkzeuge zum Thema **Eine Umfrage durchführen** kennengelernt. Dein Werkzeugkoffer füllt sich. Du bist jetzt schon gut ausgestattet, um eine Umfrage selbstständig durchzuführen.
Daten erfragen, sortieren und auswerten, eine Urliste, eine Strichliste oder eine Häufigkeitstabelle anfertigen – alles Dinge, die du kennst.
Jetzt ist es bis zum „Ich kann es!" nicht mehr weit.

Aufgabe 1
„Wer hat in welchem Monat Geburtstag?"
Die Klassenliste zeigt dir, wann welcher Schüler Geburtstag hat. Diese Liste ist deine Urliste. Hier stehen allerdings die Geburtstage noch unsortiert. Sortiere die Geburtstage deiner Klassenkameraden in die Häufigkeitstabelle.
Bearbeite jetzt die unten angefangene Häufigkeitstabelle allein weiter.
Schreibe zuerst die Monate weiter auf.

Häufigkeitstabelle „Geburtstage in meiner Klasse"

Monate	Strichliste	absolute Häufigkeit
im Januar		
im Februar		

Summe: ____________

Aufgabe 2
a) Zähle jetzt alle einzelnen Zahlen zusammen (ein anderes Wort dafür ist **addieren**).
b) Schreibe deine Ergebnis neben das Wort **Summe** (Summe nennt man das Ergebnis einer Plus- oder Additionsaufgabe).
c) Was fällt dir an der Summe auf? Wie passt diese Zahl zu deiner Klasse? Notiere deine Antwort ins Heft oder auf ein Extrablatt.

Ein Fragebogen

Name: Datum:

Aufgabe
Die Klasse 6a hat einen Fragebogen ausgefüllt. Lies dir ihre Antworten durch und beantworte die folgenden Fragen auf einem Extrablatt:
a) Wie viele Kinder fahren Rad und wie viele nicht?
b) Mädchen mögen Pizza, Jungen eher Spaghetti. Stimmt das?
c) Erstelle eine Strichliste zum Thema „Lieblingsverein“.

Vorname	m / j	Lieblings-verein	Lieblings-essen	Radfahrer	Lieblings-farbe	Anzahl der Geschwister
Hanim	m	FC Bayern	Spaghetti	nein	rot	1
Paul	j	HSV	Spaghetti	ja	grün	0
Gustav	j	HSV	Pizza	nein	blau	2
Aishe	m	FC Barcelona	Fischstäbchen	ja	gelb	3
Gabi	m	FC Bayern	Salat	ja	rot	2
Olaf	j	Arsenal London	Pommes	ja	grün	4
Walter	j	AC Mailand	Pizza	nein	blau	3
Martina	m	FC Bayern	Spaghetti	ja	grün	1
Emre	j	FC Barcelona	Spaghetti	ja	blau	0
Merve	m	Arsenal London	Pfannkuchen	ja	blau	5
Mehmet	j	HSV	Fischstäbchen	nein	rot	2
Zeinab	m	FC Barcelona	Fischstäbchen	ja	gelb	1
Nadine	m	FC Bayern	Pfannkuchen	nein	blau	2
Nuri	j	Arsenal London	Pizza	ja	blau	4
Esra	m	FC Barcelona	Spaghetti	ja	grün	1
Hilal	m	HSV	Fischstäbchen	nein	rot	0
Lars	j	FC Barcelona	Pizza	ja	blau	2
Hajra	m	Arsenal London	Pommes	ja	rot	1
Derya	m	FC Bayern	Pizza	nein	gelb	3
Kamil	j	AC Mailand	Fischstäbchen	ja	blau	2
Lena	m	HSV	Spaghetti	ja	rot	0
Meris	j	AC Mailand	Pfannkuchen	ja	gelb	1
Mirco	j	HSV	Fischstäbchen	ja	blau	2
Ulrike	m	AC Mailand	Spaghetti	nein	grün	4
Peter	j	HSV	Spaghetti	ja	rot	1

Strichliste auswerten I

Name: Datum:

Rena hat für ein Gesellschaftsprojekt Schüler aus verschiedenen Klassen befragt, wie sie zur Schule kommen. Ihre Ergebnisse hat sie in einer Strichliste festgehalten.

Schulweg	Klasse 5	Klasse 6	Klasse 7	Klasse 8
zu Fuß	𝍸 I	𝍸	IIII	𝍸 II
mit dem Bus oder der Bahn	II	I	II	II
mit dem Fahrrad	III	𝍸 I	IIII	𝍸

Aufgabe
Sieh dir die Strichliste an, die Rena aus ihren gesammelten Daten erstellt hat.
Welche Ergebnisse kannst du ablesen?
Schreibe mindestens 6 Sätze auf.

Strichliste auswerten II

Name: | Datum:

Der Schulverein hat neue Brotdosen entworfen. Als Werbemaßnahme werden Brotdosen an die 5. Klassen verschenkt. Die Kinder können sich aussuchen, in welcher Farbe sie ihre Brotdose haben möchten. Der Vorsitzende des Schulvereins hat eine Strichliste erstellt, welche Farben er aus dem Schrank holen muss.

rot	𝍸 𝍸 𝍸 𝍸 𝍸 𝍸 𝍸 𝍸 𝍸 //
grün	𝍸 𝍸 𝍸 ////
blau	𝍸 𝍸 𝍸 𝍸 𝍸 𝍸 ///
gelb	///
orange	𝍸 𝍸 𝍸 /
rosa	𝍸 𝍸 𝍸 𝍸 //

Aufgabe
Beantworte die Fragen in ganzen Sätzen.

a) Wie viele Kinder möchten eine rote Brotdose?

____

____

b) Wie viele Kinder möchten eine gelbe und grüne Brotdose haben?

____

____

c) Wie viele Brotdosen muss der Vorsitzende des Schulvereins insgesamt aus dem Schrank holen?

____

____

d) In wie vielen verschiedenen Farben gibt es die Brotdosen?

____

____

e) Wie viele Schüler möchten keine rosa- oder orangefarbene Brotdose haben?

____

____

Eine Umfrage auswerten

Name: Datum:

Aufgabe
Hole dir die ausgefüllten Fragebogen (AB 1.10) von deinem Lehrer.
Suche dir mindestens eine Frage aus und erstelle
a) eine Urliste und
b) eine Häufigkeitstabelle.

Eine eigene Umfrage vorbereiten, planen und durchführen

Name:	Datum:

Die Schüler einer 3. Klasse sind von Irem und Cem aus der 7a befragt worden, wie viel Taschengeld sie bekommen. Die Antworten sind in einer Urliste festgehalten worden. Irem und Cem haben es aber nicht geschafft, die Daten zu sortieren und auszuwerten.

Aufgabe 1
Sieh dir die Urliste an und erkläre, warum es so schwierig ist, die Daten auszuwerten.

Die Urliste:
20 Cent pro Tag, 2,80 € in der Woche, 4,20 € jeden zweiten Montag, 3 € im Monat (30 Tage), 2,80 € an jedem Mittwoch, 2,10 € pro Woche; 1,40 € pro Woche, 9 € im Monat (30 Tage), 1,40 € an jedem zweiten Dienstag

Aufgabe 2
Finde eine Möglichkeit, die Daten miteinander zu vergleichen.
Erstelle eine
a) Urliste,
b) eine Häufigkeitstabelle.
Erstelle die Urliste und die Tabelle auf einem Extrablatt.

Aufgabe 3
Plane jetzt eine eigene Umfrage. Du hast dafür zwei Themen zur Auswahl:
- Wie viele Stunden siehst du täglich fern?
- Wie viele Stunden spielst du täglich am Computer?

Suche dir ein Thema aus und entwirf einen Fragebogen.
Führe deine Umfrage durch und werte deine gesammelten Daten aus.

Daten lesen

Name: Datum:

Du hast schon viele Daten gesammelt und ausgewertet. Jetzt lernst du, wie du diese **Daten auch als Bild** zeichnen kannst. Solche Bilder werden **Diagramme** genannt.

Es gibt viele verschiedene Diagramme, hier lernst du als Erstes das **Säulendiagramm** kennen. Du kennst Säulen bestimmt von großen Bauwerken. Hier sind sie aus Stein. Sie stehen aufrecht, das heißt, sie zeigen von unten nach oben.

Aufgabe 1
Auf dem Bild siehst du das Brandenburger Tor. Zähle die Säulen, die sein Dach stützen.

____

____

Ein Säulendiagramm besteht aus einer oder mehreren Säulen. Das Säulendiagramm unten zeigt dir, wie viel Taschengeld fünf Kinder bekommen.

INFO: Je mehr Daten in einer Gruppe sind, desto höher wird die Säule gezeichnet.

Hier bedeutet das:
Je höher die Säule gezeichnet ist, umso __________ (weniger/mehr) Taschengeld bekommt ein Kind.

Aufgabe 2
Sieh dir das Säulendiagramm an.

a) Welches Kind bekommt am meisten Taschengeld? Male diese Säule rot an.
b) Welches Kind bekommt am wenigsten Taschengeld?
Male diese Säule grün an.

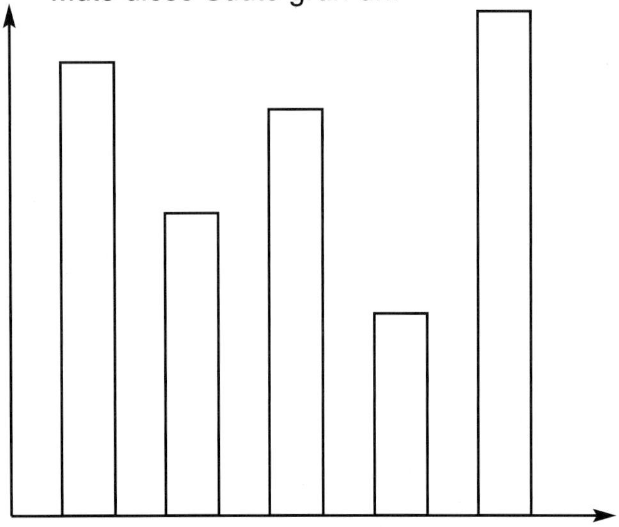

Daten lesen

Name: | Datum:

Jetzt weißt du schon, was ein Säulendiagramm ist. Du weißt auch schon, wie man die gezeichneten Daten aus einem Säulendiagramm abliest. Als du deine Umfrage durchgeführt hast, hast du aber viel genauere Daten gesammelt, als oben gezeichnet wurden.

INFO

Damit du deine **Daten noch genauer zeichnen** kannst, wird ein **Säulendiagramm** in ein **Achsenkreuz** gezeichnet. Ein Achsenkreuz besteht aus zwei Linien. Diese Linien heißen in der Fachsprache der Mathematik **Geraden.** Die **beiden Geraden** nennen wir **Achsen.**

⇧ Die eine Achse zeigt **von unten nach oben,** sie heißt **Y-Achse.**

⇨ Die andere Achse zeigt **von links nach rechts.** Sie heißt **X-Achse.**

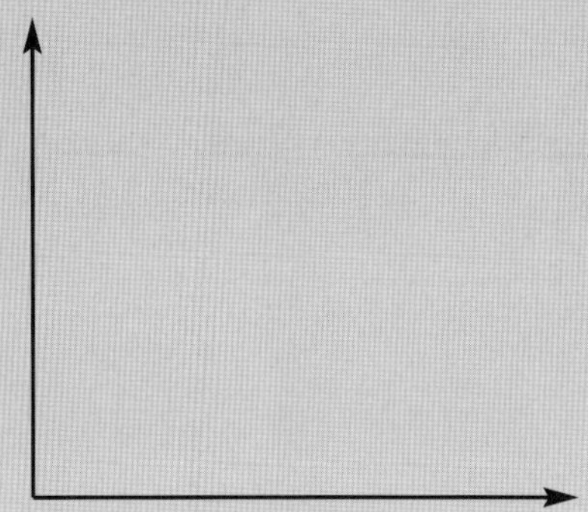

Aufgabe 3

a) Markiere die **Y-Achse** grün und schreibe das Wort **Y-Achse** daneben.
b) Markiere die **X-Achse** blau und schreibe das Wort **X-Achse** daneben.

Die X-Achse und die Y-Achse werden unterteilt und beschriftet. Durch diese Unterteilungen kannst du deine Daten genauer zeichnen und benennen.
In unserem Beispiel (unten) ist die Y-Achse mit Zahlen beschriftet.
So kannst du nicht nur darstellen, wer am meisten Taschengeld bekommt, sondern wie viel Taschengeld genau jeder bekommt.
Die X-Achse ist in Abschnitte unterteilt. Jeder Abschnitt wird beschriftet. Hier kannst du den Namen des Kindes ablesen.

Aufgabe 4

Sieh dir das Säulendiagramm an.
Schreibe auf, wie viel Taschengeld jedes Kind bekommt.

Name	Taschengeld
Ines	9,00 €
Sülo	

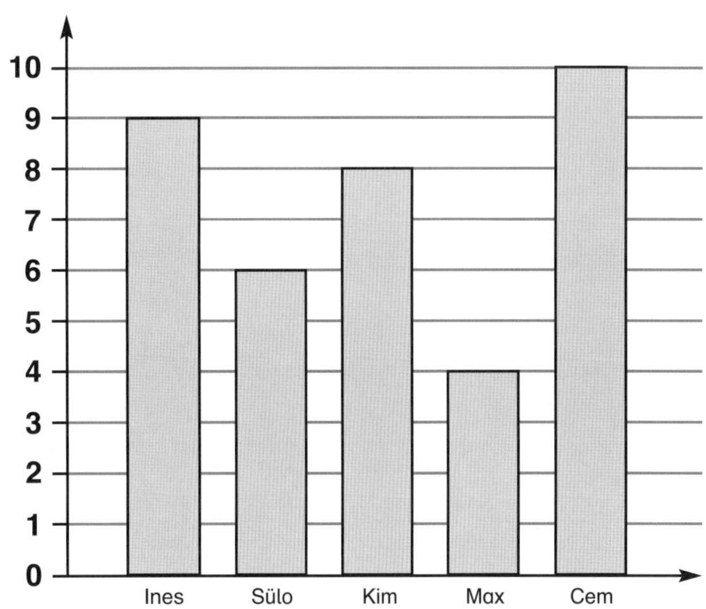

Wortsuchrätsel

Name: Datum:

Aufgabe 1
Wie viele Wörter findest du in dem Wortsuchrätsel, die zu den beiden Zeichnungen passen? Markiere diese Wörter farbig.

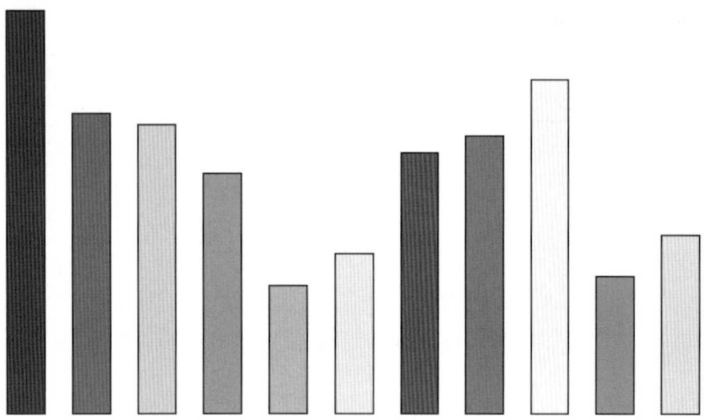

T	V	S	B	K	W	U	J	Z	W	B	Y	J	N	T
P	M	H	Y	-	A	C	H	S	E	Q	Q	G	H	V
P	Z	X	F	S	Z	G	N	C	Z	R	A	O	C	C
H	S	Ä	U	L	E	N	D	I	A	G	R	A	M	M
D	G	A	C	H	S	E	N	K	R	E	U	Z	B	K
X	-	A	C	H	S	E	H	J	H	Y	Z	K	H	E

Aufgabe 2
a) Schreibe die gefundenen Wörter mit den passenden Artikeln auf.
b) Erkläre mit eigenen Worten ihre Bedeutung.

- ______________________________

  Bedeutung: ______________________________.
- ______________________________

  Bedeutung: ______________________________.
- ______________________________

  Bedeutung: ______________________________.
- ______________________________

  Bedeutung: ______________________________.

Name: | Datum:

Aufgabe 1
Lies die folgenden Texte und schreibe die richtigen Wörter in die Lücken.

Achtung: Die Wörter stehen in der Grundform. Notiere die richtige Form.

Für eine Umfrage muss ich mir erst eine ____________________ *(Frage, Antwort, sortieren)* überlegen. Diese Frage stelle ich dann nacheinander mehreren Personen. Die Antworten schreibe ich mir auf. So habe ich eine ____________________ *(Strichliste, Urliste, Häufigkeitstabelle)* erstellt. Als Nächstes erstelle ich eine ____________________ *(Urliste, sortieren, Strichliste).* Dabei ____________________ *(ordnen, Urliste, sortieren)* ich meine gesammelten Daten, wie in einen Besteckkasten. Danach zähle ich die Striche meiner Strichliste zusammen und schreibe die Anzahl als ____________________ *(Wort, Zahl, ganzen Satz)* auf. So habe ich eine ____________________ *(Strichliste, Häufigkeitstabelle, Urliste)* erstellt.

Man kann Daten zeichnen. Diese Zeichnung heißt ____________________ *(Umfrage, Daten, Diagramm).* Eine Möglichkeit ist das ____________________ *(Säulendiagramm, Bilderrätsel, Buchdiagramm).* Wenn ich ein solches Diagramm zeichnen will, muss ich erst ein ____________________ *(Bild, Koordinatenkreuz, Koordinotenkreuz)* zeichnen. Es besteht aus zwei Geraden, diese Geraden werden ____________________ *(Strich, X-Achse, Linie)* und ____________________ *(Linie, Strich, Y-Achse)* genannt.

Aufgabe 2
Sieh dir alle Arbeitsblätter noch einmal an. Findest du auf ihnen noch einen wichtigen Satz, den du dir hier aufschreiben willst, damit du ihn nicht vergisst?

____

____

____

Name: | Datum:

Aufgabe 3
Überlege dir etwas, damit du dir merken kannst, welche der Achsen die Y-Achse und welches die X-Achse ist.
Du kannst dir zum Beispiel eine Eselsbrücke bauen, dir einen Reim überlegen oder dir ein Bild malen.

____

____

INFO

Wenn man kluge Menschen fragt, wie sie sich Dinge merken, ist ihre Antwort oft ganz einfach. Viele denken sich zu wichtigen Dingen oder Wörtern Bilder aus. Das hilft ihnen sich Dinge besser zu merken.

Aufgabe 4
Denke dir zu mindestens zwei der Begriffe unten ein Bild aus.
Das Bild sollte etwas mit dem Begriff zu tun haben.
Male/zeichne deine Bilder.

das Säulendiagramm

das Achsenkreuz

die Häufigkeitstabelle

Ein Säulendiagramm lesen I

Name: | Datum:

Aufgabe
Eine Gruppe von Schülern wurde befragt, welche Handymarke sie benutzen.
Das Ergebnis der Umfrage ist in einem Säulendiagramm dargestellt.
Sieh dir das Säulendiagramm genau an. Beantworte dann die Fragen.

Achtung: Kannst du wirklich alle beantworten?

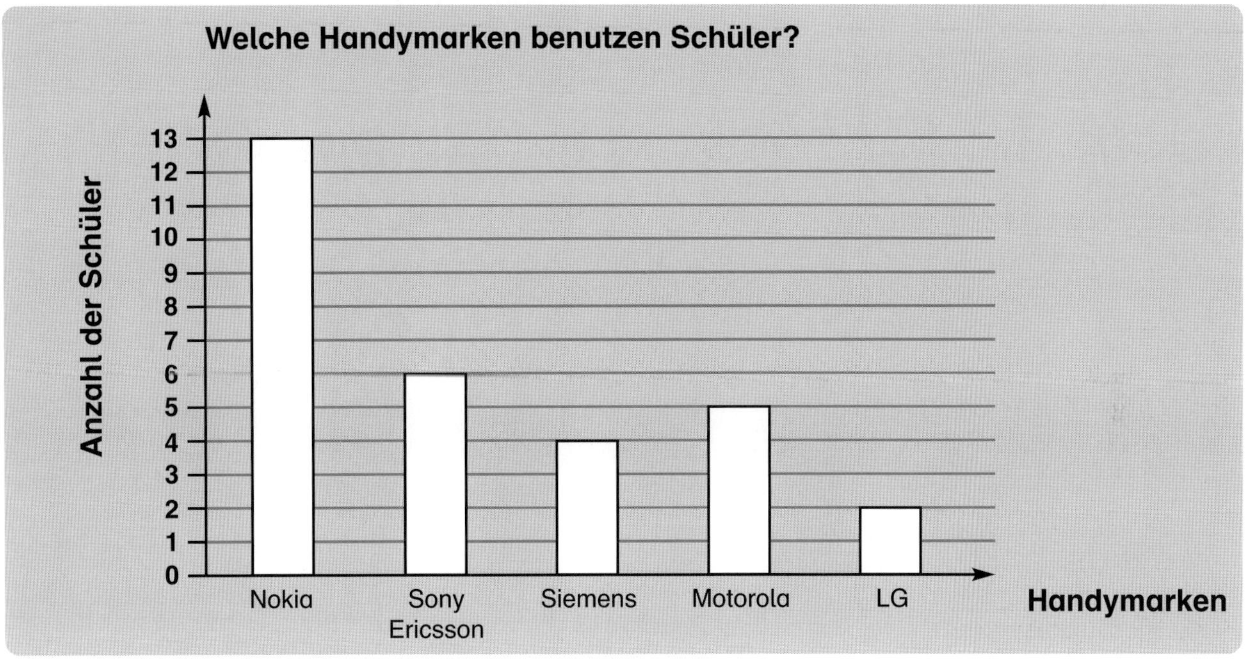

1. Um wen oder was geht es in diesem Diagramm?

___

2. Welche Handymarken benutzen die befragten Schüler?

___

3. Welche Handymarke wurde am häufigsten genannt?

___

4. Welche Handymarke ist die beste?

___

5. Welche Handymarke wird von 5 Schülern benutzt?

___

6. Warum haben so wenige Schüler ein LG Handy?

___

7. Wie viele Schüler haben ein Siemens- oder ein Motorola-Handy?

___

Name: | Datum:

Aufgabe 1
Sieh dir das Säulendiagramm genau an.
Wie lautet die Frage, die der Klasse 5c gestellt wurde?

____

____

____

Aufgabe 2
Sieh dir das Säulendiagramm genau an.
Schreibe dann im Text darunter die richtigen Wörter in die Lücken

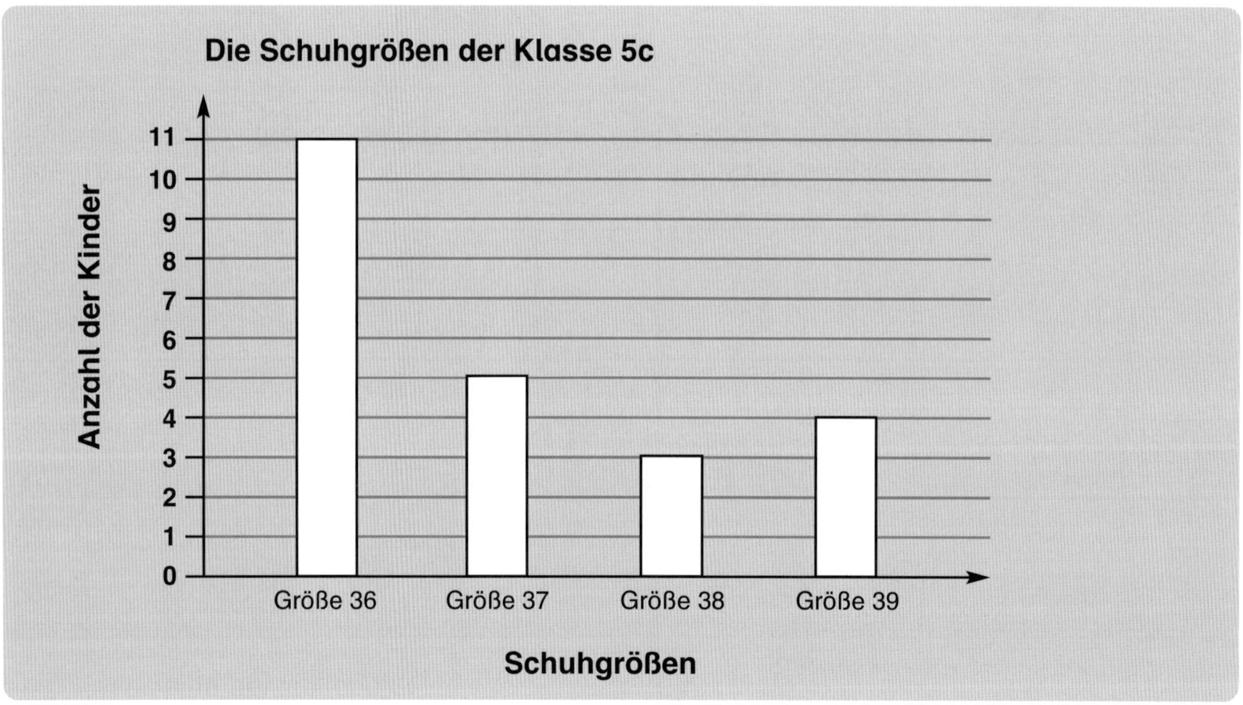

Vier Schüler der Klasse 5c haben die Schuhgröße__________ .

Insgesamt gehen in die Klasse 5c _________ Schüler. Die Schuhgrößen

36 und 37 kommen _________ -mal vor. Die Schuhgröße __________

kommt am häufigsten vor.

Ein Säulendiagramm lesen III

Name: | Datum:

Aufgabe 1
Eine 5. Klasse hat für das Sportfest den Weitwurf trainiert. Die Ergebnisse hat der Lehrer in einem Säulendiagramm dargestellt.
Sieh dir das Säulendiagramm genau an.
Weiter unten siehst du die Ergebnisse der einzelnen Schüler. Schreibe ihre Namen in die jeweils richtige Säule.

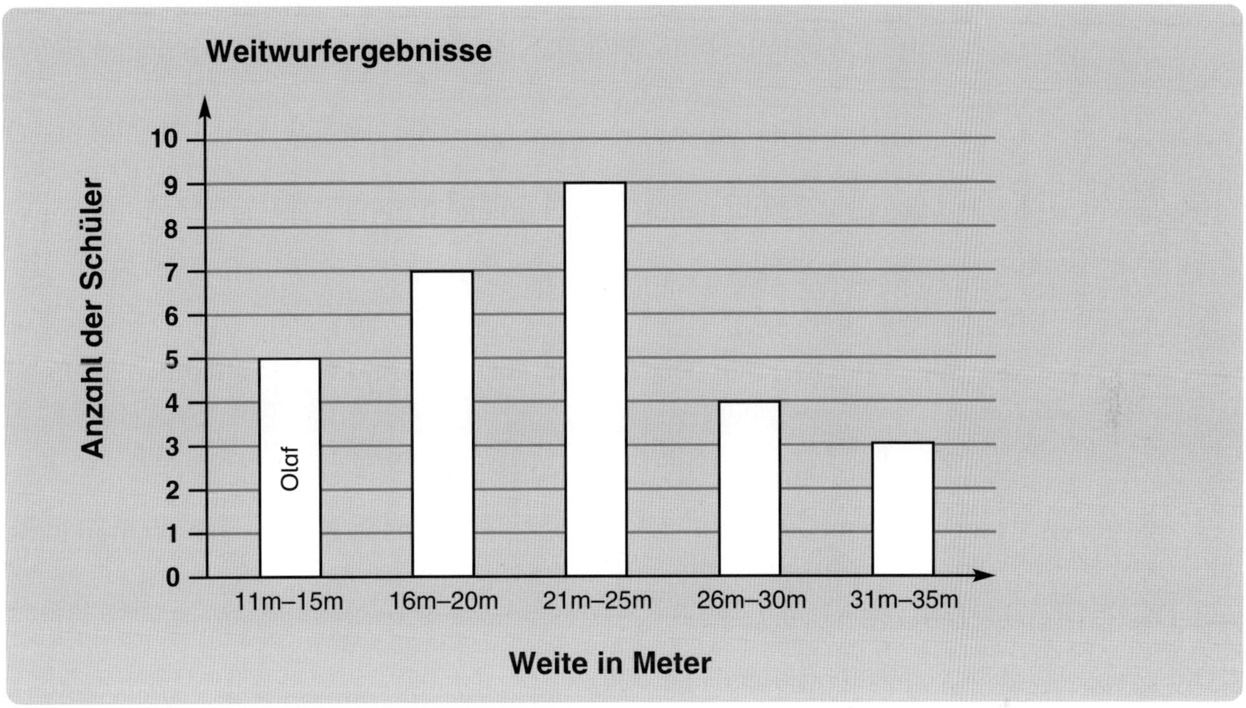

Beispiel: *Olaf hat 12 Meter weit geworfen.*

1. Ayse hat 12 Meter weit geworfen.
2. Tim hat 20 Meter weit geworfen.
3. Bob hat 26 Meter weit geworfen.
4. Kai hat 17 Meter weit geworfen.
5. Ina hat 24 Meter weit geworfen.
6. Ute hat 32 Meter weit geworfen.
7. Tom hat 21 Meter weit geworfen.

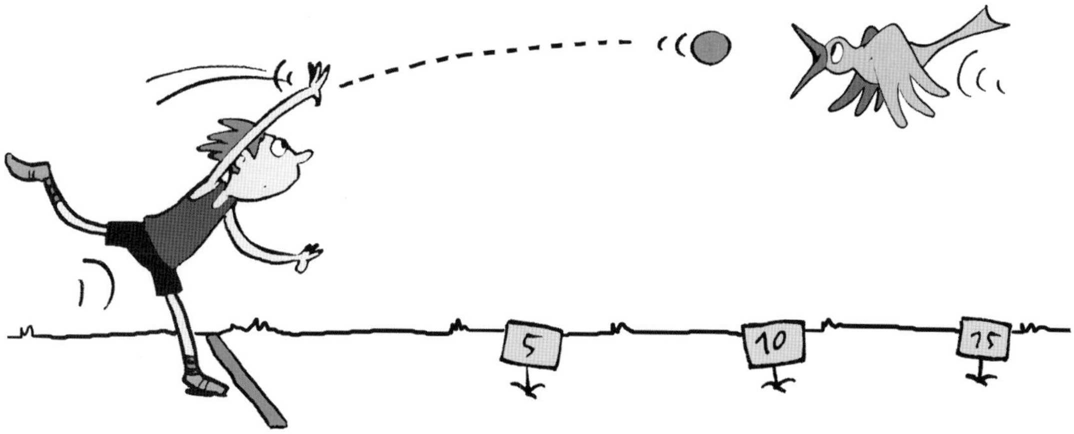

Name: Datum:

Aufgabe 2
Sieh dir das Säulendiagramm genau an. Beantworte dann die Fragen.
Kannst du alle beantworten?

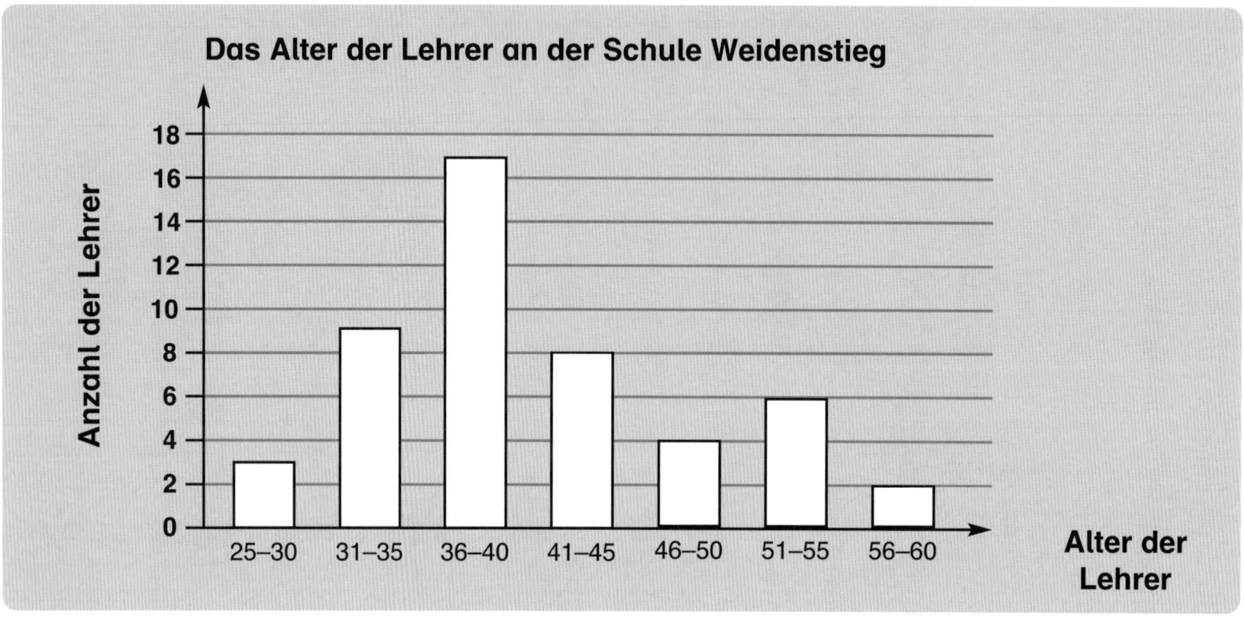

1. Um wen oder was geht es in diesem Diagramm?

2. Wie würdest du deine Lehrer nach ihrem Alter fragen?

3. Wie viele Frauen arbeiten an der Schule Weidenstieg?

4. Wie alt ist der älteste Lehrer?

5. Wie viele Lehrer sind älter als 50 Jahre?

6. Wie heißt der älteste Lehrer der Schule?

7. Wie viele Lehrer sind zwischen 25 und 45 Jahre alt?

8. Wie viele Lehrer sind jünger als 36 Jahre?

9. Wie viele Lehrer sind älter als 32 Jahre?

Ein Säulendiagramm lesen IV

Name: | Datum:

In der Klasse 7a sind die Englischnoten statistisch ausgewertet worden.
Die Notenverteilung der Klasse siehst du unten in der Tabelle.

Note	**1**	**2**	**3**	**4**	**5**	**6**
Anzahl der Noten	2	6	13	7	1	0

Aufgabe

a) Sieh dir die Daten sorgfältig an und finde das passende Säulendiagramm.

b) Begründe, warum du dich für bzw. gegen das jeweilige Säulendiagramm entschieden hast. Versuche zunächst, deine Entscheidung allein zu begründen. Wenn du nicht weiterkommst, findest du unten einige Formulierungshilfen.

A **Englischnoten der Klasse 7a**

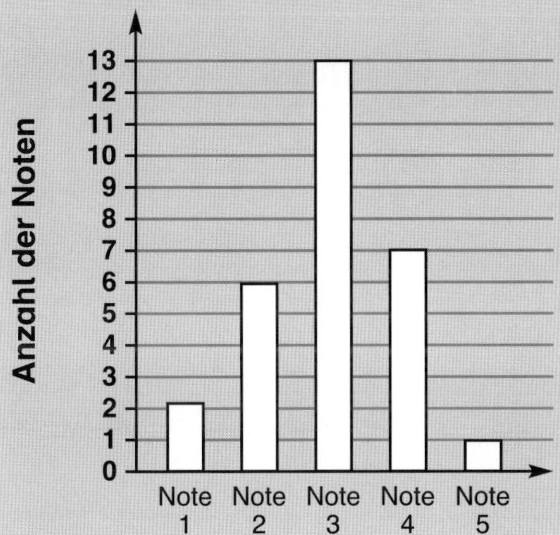

B **Englischnoten der Klasse 7a**

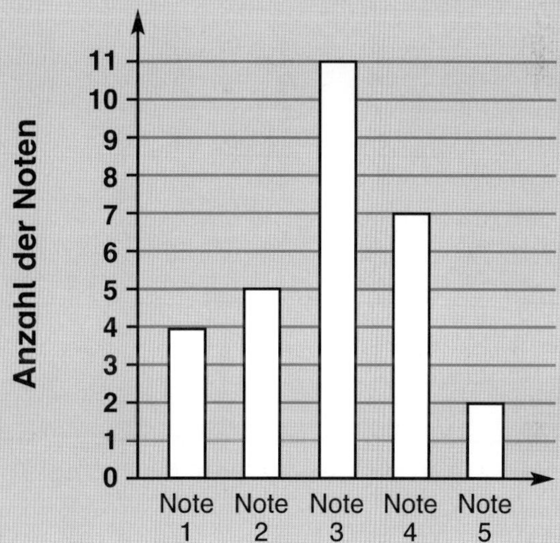

Diagramm ______ passt zu den dargestellten Daten, weil ____________________

____

Die Säule für die Note ...

... ist zu niedrig für die Daten

... ist zu hoch für die Daten

Die Daten aus der Tabelle passen nicht, weil ...

Name: Datum:

Aufgabe
Sieh dir das Säulendiagramm genau an. Beantworte dann die Fragen.
Kannst du alle beantworten

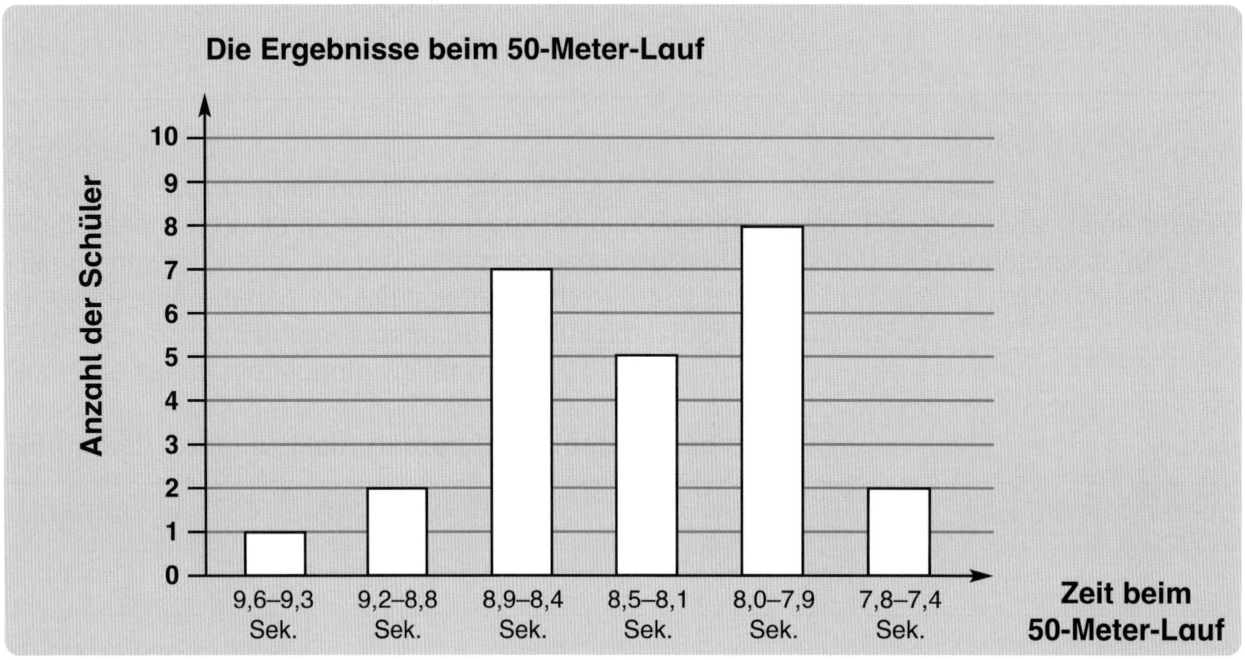

1. Um wen oder was geht es in diesem Diagramm?

___

___

2. Wie viele Schüler laufen schneller als 8,1 Sekunden?

___

3. Wie schnell läuft der beste Schüler?

___

4. Wie viele Schüler laufen zwischen 9,2 und 8,1 Sekunden?

___

5. Wie viele Mädchen laufen schneller als 8,5 Sekunden?

___

6. Wie viele Schüler laufen langsamer als 8,9 Sekunden?

___

7. Wie heißt der schnellste Schüler beim 50-Meter-Lauf?

___

Schlaue Fragen zu einem Säulendiagramm stellen

Name: ______________________ Datum: ______________________

Aufgabe 1
Was kannst du in diesem Säulendiagramm lesen?
a) Schreibe zuerst 4 bis 5 eigene Fragen dazu auf.
b) Suche dir jetzt einen Partner am Tisch und beantwortet gemeinsam eure schlauen Fragen.

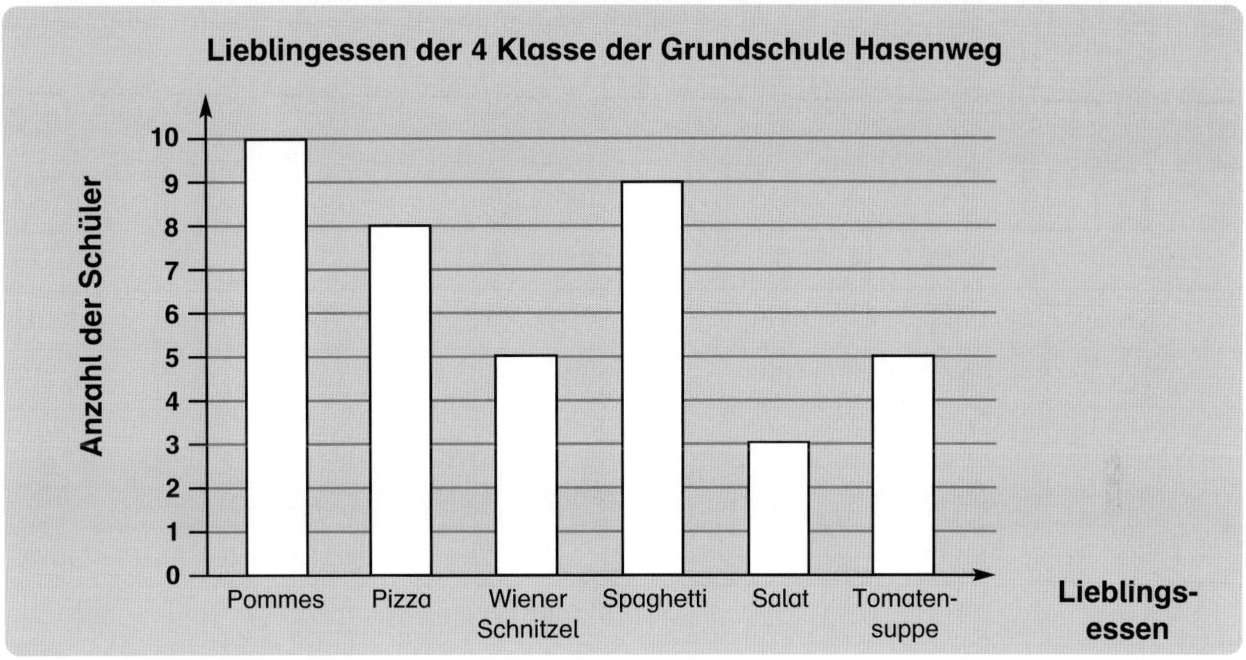

Fragen

1. ______________________
2. ______________________
3. ______________________
4. ______________________

Antworten

1. ______________________
2. ______________________
3. ______________________
4. ______________________

Aufgabe 2
Wie kannst du andere Kinder nach ihrem Lieblingsessen fragen?
Überlege dir mindestens drei verschiedene Formulierungen.

1. ______________________
2. ______________________
3. ______________________

Dinge vergleichen

Name: | Datum:

Um zwei Sachen miteinander zu vergleichen, schaust du dir sie zunächst genau an. Abwechselnd schaust du auf das eine und auf das andere. Du überlegst: Was ist anders, was ist gleich? Du suchst nach Gemeinsamkeiten und Unterschieden.

Aufgabe
Vergleiche die zwei Bilder miteinander.
a) Nenne 5 Dinge, die gleich sind.
b) Kreise die Unterschiede ein.
c) Beschreibe die Unterschiede. Worin unterscheiden sich die beiden Bilder?

Gemeinsamkeiten	**Unterschiede**
Auf beiden Bildern sind drei Schweine.	*Auf dem rechten Bild ist ein Regentropfen über einer Wolke.*

Säulendiagramme vergleichen I

Name: | Datum:

Aufgabe
Die Schüler von zwei 9. Klassen sind befragt worden, welche Berufe sie nach ihrem Abschluss erlernen möchten. Die Ergebnisse sind unten als Säulendiagramme dargestellt. Sieh dir beide Diagramme genau an und beantworte dann die Fragen.

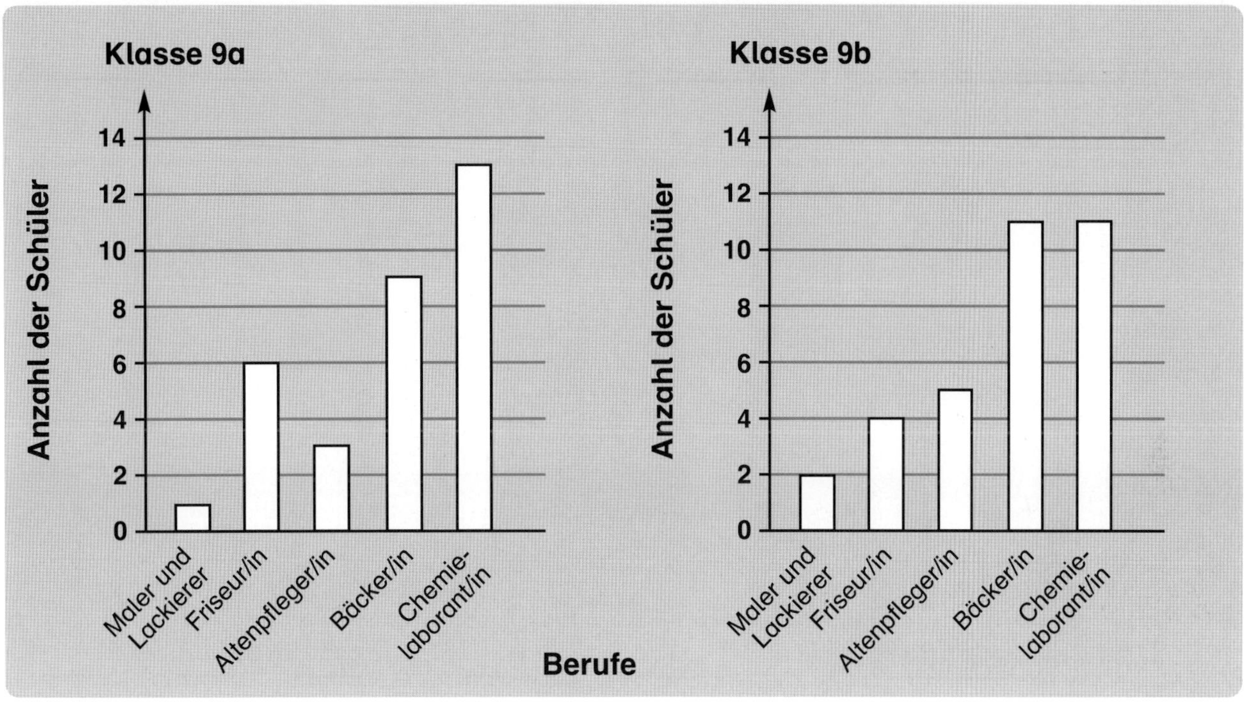

a) In welcher Klasse wollen mehr Schüler den Beruf des Malers und Lackierers lernen?

___

b) Wie viele Schüler wollen insgesamt Bäcker/-in werden?

___

___

c) Welche Berufe sind in beiden Klassen gleich beliebt?

___

___

d) Welcher Beruf ist in der 9a und in der 9b der unbeliebteste?

___

___

e) In welcher Klasse wurden mehr Schüler befragt?

___

___

Säulendiagramme vergleichen II

Name:	Datum:

Aufgabe
Die Mädchen und Jungen einer 7. Klasse sind nach ihren Lieblingsliedern befragt worden. Die Ergebnisse sind in zwei Säulendiagrammen dargestellt worden. Vergleiche die beiden Diagramme miteinander. Schreibe die Gemeinsamkeiten und die Unterschiede auf.

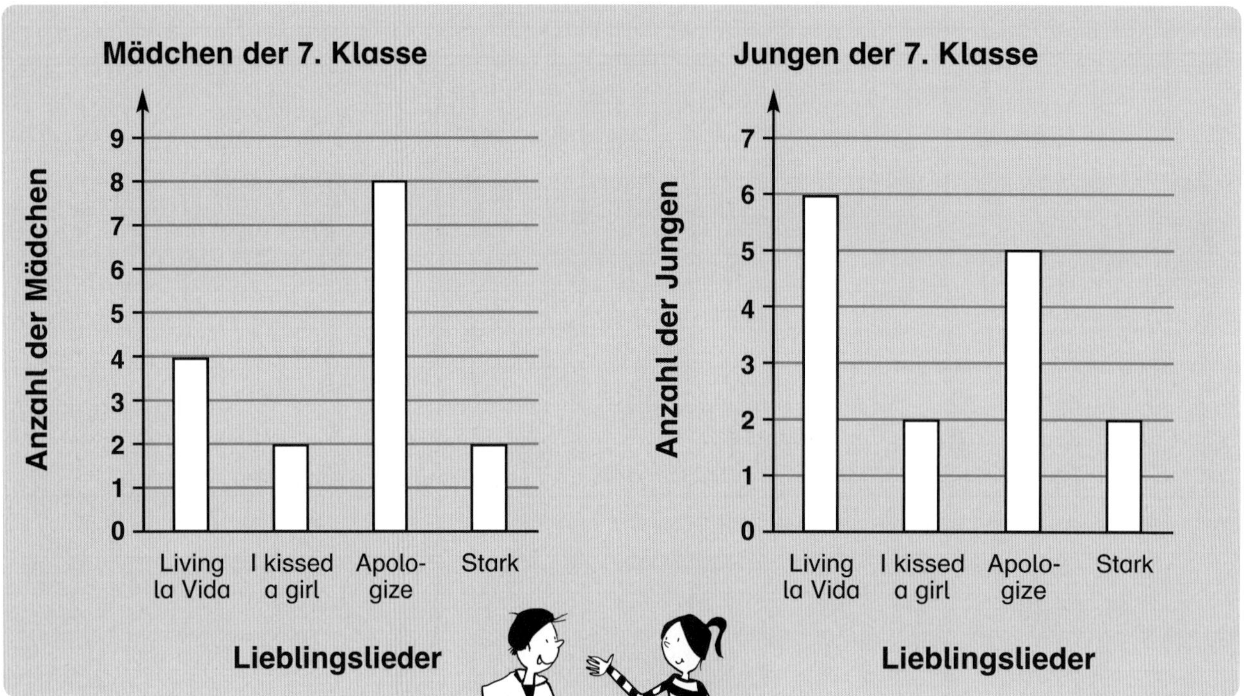

Gemeinsamkeiten	Unterschiede
???	???

Zwei Säulendiagramme vergleichen

Name: Datum:

Im Fußballverein Eintracht sind Mädchen und Jungen gefragt worden, welche Popstars sie gern mögen. Die Daten aus dieser Umfrage sind in dem Säulendiagramm unten dargestellt.

Aufgabe 1
Finde heraus, warum es zu jedem Popstar 2 Säulen gibt. Schreibe deine Erklärung auf.

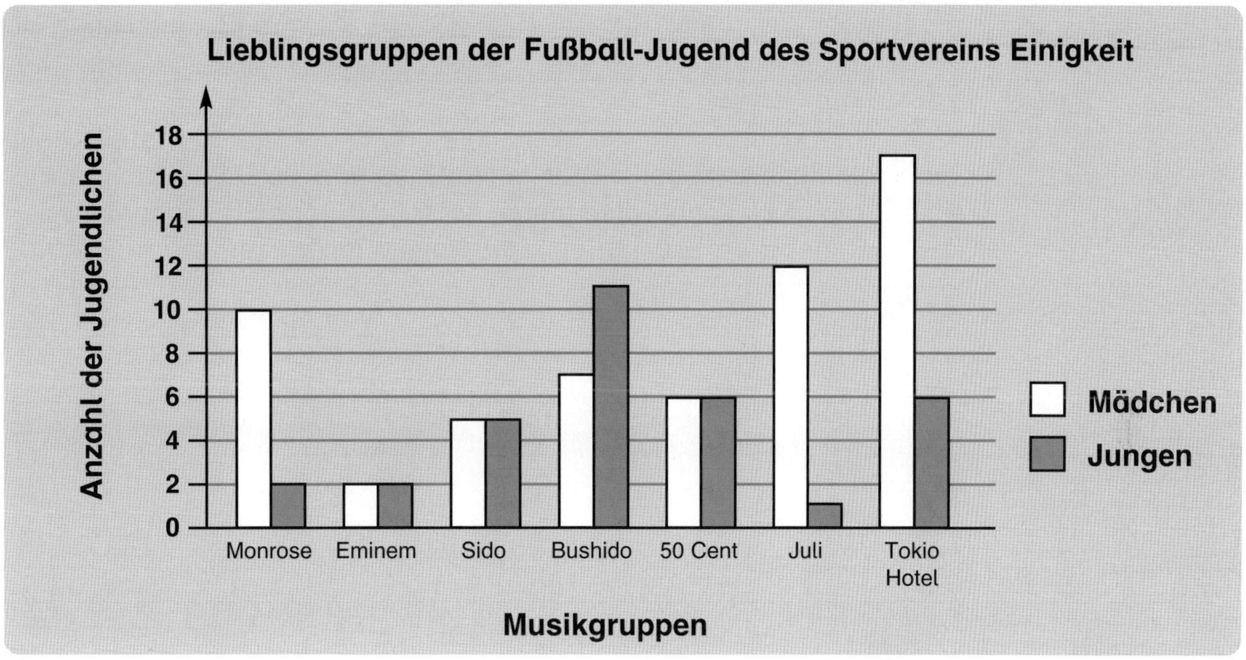

Zwei Säulendiagramme vergleichen

Name: | Datum:

Aufgabe 2
Jetzt vergleiche die Säulen miteinander. Was kannst du aus dem Säulendiagramm ablesen?
a) Welche Gemeinsamkeiten haben Jungen und Mädchen?
b) Welche Unterschiede kannst du erkennen?
Notiere in der Tabelle.

Gemeinsamkeiten	**Unterschiede**

Das Kreisdiagramm kennenlernen

Name: | Datum:

Du weißt schon, wie man Daten zeichnerisch in einem Diagramm darstellt.
Du kannst auch schon Daten aus einem Diagramm ablesen.
Hier lernst du jetzt noch ein weiteres Diagramm kennen: das **Kreisdiagramm**. Wenn du den Namen Kreisdiagramm hörst, weißt du bestimmt schon, wie das Diagramm aussieht: Es ist rund wie ein Kreis. Dieser Kreis wird wie eine Torte in Stücke „geschnitten".
Die Daten aus einer Umfrage werden in Datengruppen sortiert. Jedes Tortenstück stellt, genau wie die Säulen im Säulendiagramm, eine Datengruppe dar.

INFO

Diese Tortenstücke sind, wie die Säulen im Säulendiagramm.
Je größer sie sind, umso größer ist die Datengruppe, die sie darstellen.

Beispiel
Eine Fußballmannschaft braucht zum Training neue T-Shirts.
Es gibt sie in 3 Größen.

Von den 20 Spielern brauchen:
- *6 Spieler S,*
- *12 Spieler M und*
- *2 Spieler L.*

Das Kreisdiagramm zu dieser Häufigkeitstabelle sieht so aus:

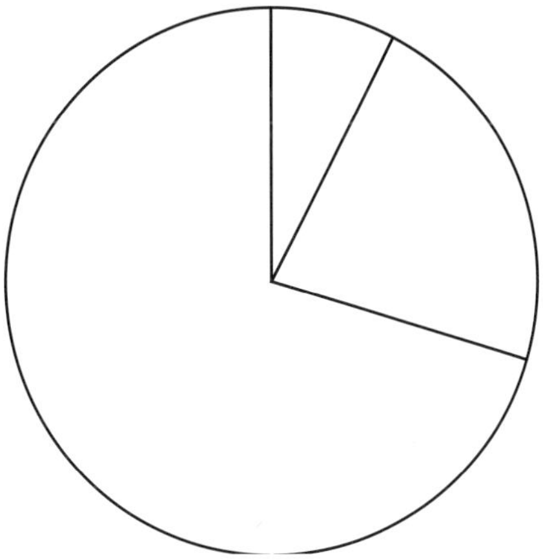

Aufgabe 1
Male die Tortenstücke bunt an.
a) Das Tortenstück, das die 6 Spieler darstellt, die S brauchen, malst du blau an.
b) Das Tortenstück, das die 2 Spieler darstellt, die L brauchen, malst du schwarz an.
c) Das Tortenstück, das die 12 Spieler darstellt, die M brauchen, malst du grün an.

Das Kreisdiagramm kennenlernen

Name: Datum:

Aufgabe 2
Finde die richtigen Wörter und setze sie in den Lückentext ein.

Das ____________________ sieht aus wie eine Torte. Die Daten aus einer Umfrage werden in Datengruppen sortiert. Die einzelnen Tortenstücke stellen die Daten einer Datengruppe dar. Wenn man zum Beispiel eine Häufigkeitstabelle mit 3 Datengruppen hat, wird das Kreisdiagramm in ____________ Tortenstücke unterteilt. Je größer eine Datengruppe ist, desto _______________ ist auch das Tortenstück. Wenn alle Datengruppen gleich groß sind, wird der Kreis in gleich große Stücke unterteilt.

gleich * rot * Säulendiagramm * 7 * kleiner * 10 * blau * Kreisdiagramm * 3 * größer

Aufgabe 3
In der Klasse 6a sind 30 Kinder. 15 Mädchen und 15 Jungen.
Zeichne jetzt dein erstes Kreisdiagramm.

INFO ***Tipp:*** Der Kreis stellt die Kinder der ganzen Klasse dar.

Aufgabe 4
Zeichne jetzt ein Kreisdiagramm für folgende Häufigkeitstabelle:
Murat hat 100 Murmeln, 25 blaue, 25 rote, 25 gelbe und 25 grüne.

Zu 3:

Zu 4:

Zuordnung: Kreisdiagramm zu Säulendiagramm

Name: Datum:

Aufgabe 1
Die Ergebnisse aus zwei verschiedenen Umfragen sind jeweils in einem Säulen- und einem Kreisdiagramm dargestellt worden.
Finde heraus, welche Diagramme zusammengehören.

1

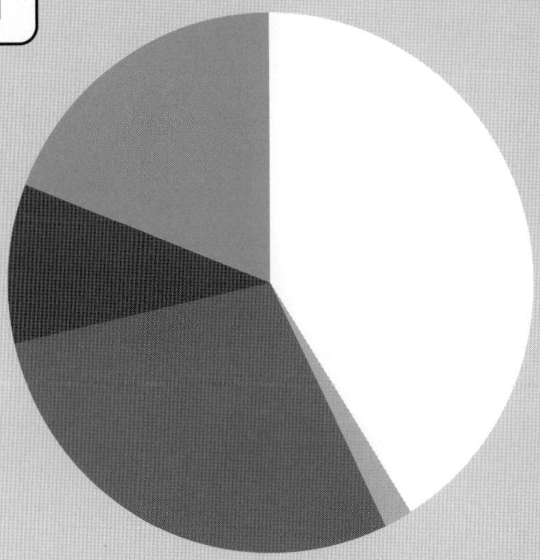

A

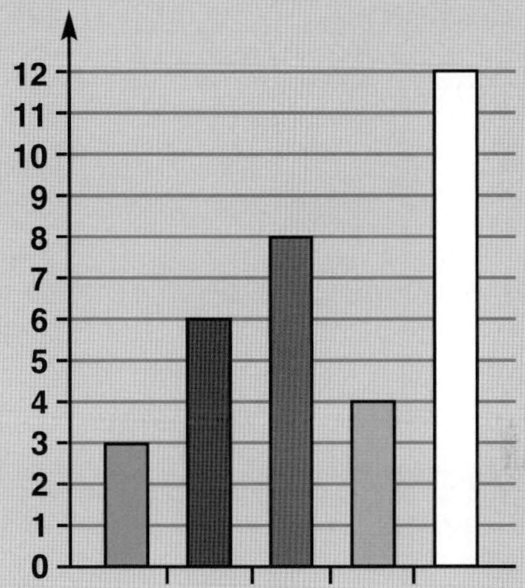

2

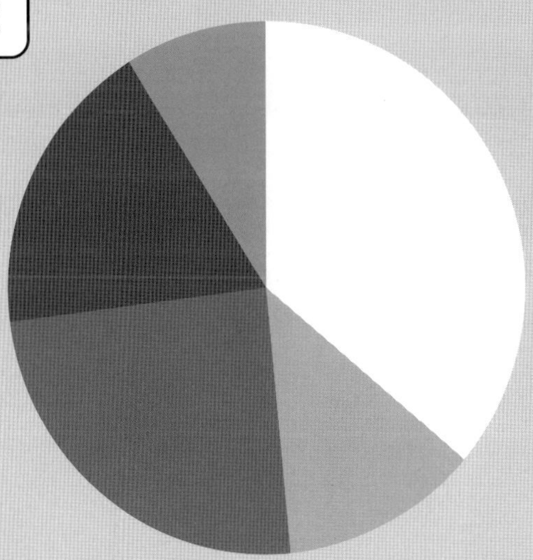

B

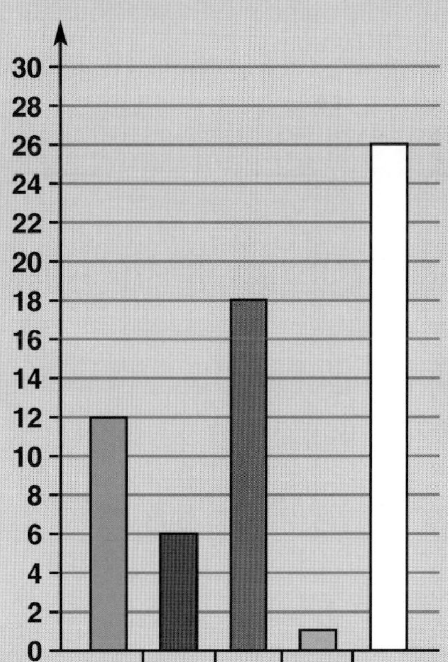

Aufgabe 2
Erkläre, wie du herausgefunden hast, welches Säulen- und welches Kreisdiagramm dieselben Daten darstellen.
Schreibe ins Heft oder auf ein Extrablatt.

Daten zuordnen – Kreisdiagramm

Name: | Datum:

Dies sind die Ergebnisse der letzten Mathearbeit. In der Klasse 5e sind 30 Kinder.

9 2 2 2 15

Aufgabe 1
Ordne die Zahlen den Feldern im Kreisdiagramm zu.
Wie viele Kinder haben eine 1, eine 2, eine 3, eine 4 und eine 5 geschrieben?

Klassenspiegel der Mathearbeit:

	Note 1
	Note 2
	Note 3
	Note 4
	Note 5

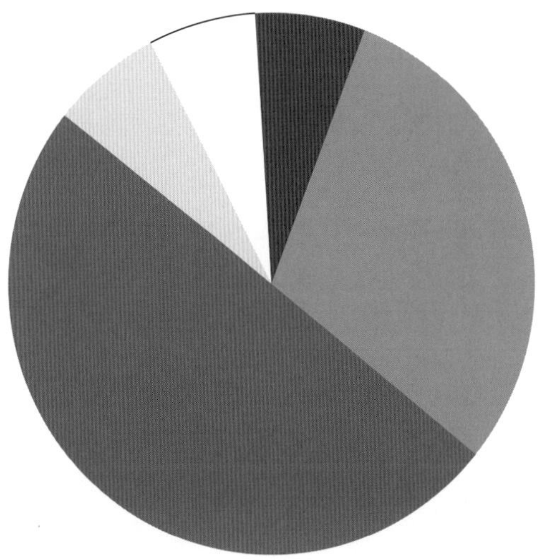

Aufgabe 2
Erstelle mit den Daten ein Säulendiagramm.

Ein Säulendiagramm zeichnen

Name: | Datum:

Aufgabe
Zeichne ein Säulendiagramm. Stelle darin das Alter von deinen 5 nächsten Sitznachbarn/Tischnachbarn dar.

- Dazu schreibst du zuerst ihre Namen auf die X-Achse.
- Dann guckst du auf der Y-Achse nach ihrem Alter und zeichnest eine Säule bis zu dieser Höhe. Vielleicht musst du sie dazu befragen.
- Male jede Säule mit einem anderen Buntstift aus.
- Finde die Überschrift für dein Säulendiagramm.

INFO

Das **Beispiel** *von Peter kann dir helfen. Peter ist 13 Jahre alt.*

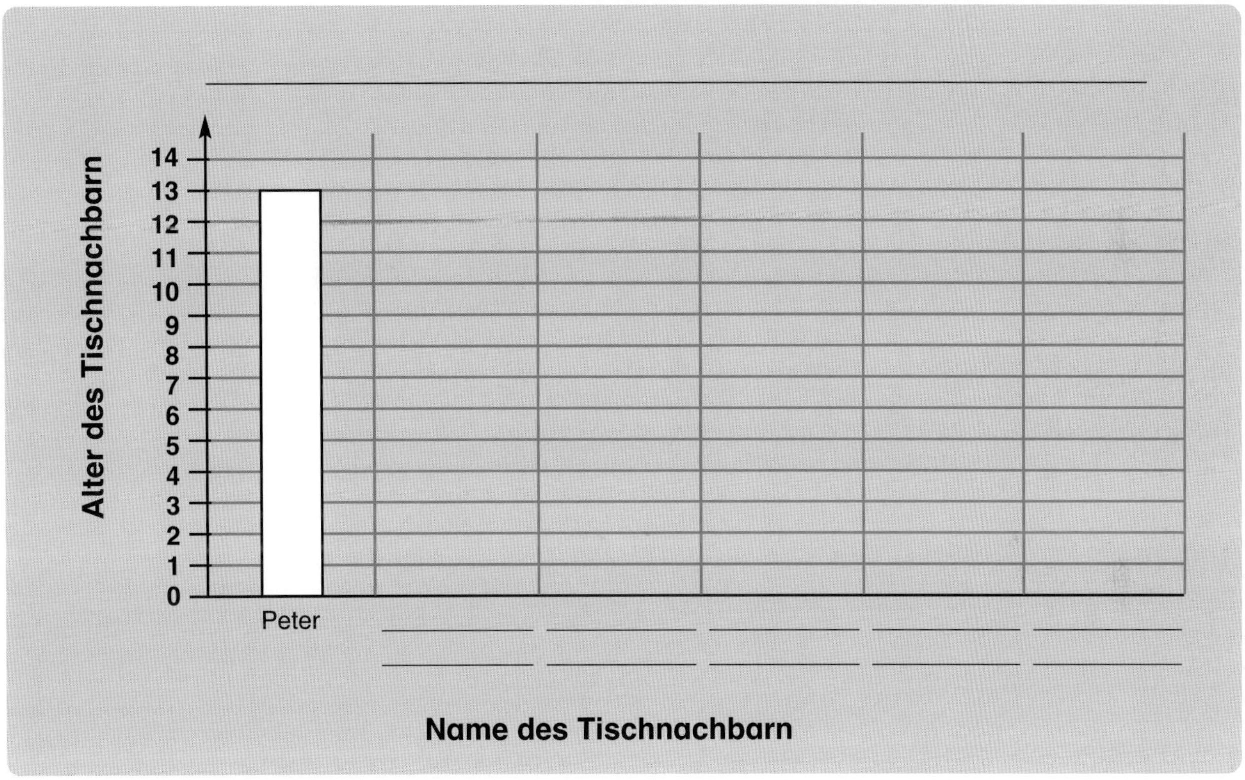

Name: Datum:

Aufgabe 1
Unten siehst du eine Häufigkeitstabelle, in der die gesammelten Daten einer Umfrage zum Thema „Computerspiele“ aufgeschrieben sind.
Wie lautet die Frage, die in der Umfrage gestellt wurde?
Schreibe sie in wörtlicher Rede auf. Benutze die richtigen Satzzeichen.

Die Frage lautete:

____

____

____

Computerspiel	Absolute Häufigkeit
WarCraft	9
SingStar	12
Sim City	16
Super Mario	8
Die Minen von Moria	2

Aufgabe 2
Zeichne ein Säulendiagramm mit den Daten aus dieser Häufigkeitstabelle.

Name: Datum:

Aufgabe 3
An der Gesamtschule Bergstedt wurde eine Umfrage durchgeführt:
Wie oft in der Woche essen die Schüler in der Kantine?
Befragt wurden 100 Schüler und Schülerinnen.
Die Ergebnisse der Umfrage siehst du unten in einer Häufigkeitstabelle.
Zeichne mit den Daten aus der Häufigkeitstabelle ein Säulendiagramm in das Achsenkreuz ein.
Beschrifte dein Säulendiagramm.

Essen pro Woche	Absolute Häufikeit
1-mal pro Woche	35
2-mal pro Woche	10
3-mal pro Woche	15
4-mal pro Woche	18
5-mal pro Woche	21

Ein Säulendiagramm zeichnen und Fehler erkennen

Name: | Datum:

INFO

Wenn du selbst ein Säulendiagramm zeichnen willst, musst du zuerst ein Achsenkreuz zeichnen.

1. Zuerst zeichnest du die Y-Achse und unterteilst sie passend zu den Daten, die du einzeichnen willst.
   Du musst dabei unbedingt darauf achten, dass die Abstände zwischen den einzelnen Zahlen immer gleich groß sind.
2. Jetzt zeichnest du die X-Achse.
3. Die X-Achse und die Y-Achse müssen jeweils eine Überschrift/einen Namen bekommen. Du schreibst sie neben die Y-Achse und unter die X-Achse.
4. Als Letztes musst du eine Überschrift für das ganze Diagramm finden.
5. Jetzt kannst du deine Säulen einzeichnen.
   Denke daran, auch jede Säule an der X-Achse zu beschriften.

Aufgabe 1

In dem Diagramm sind Fehler beim Zeichnen passiert.
Finde die Fehler und markiere sie farbig.

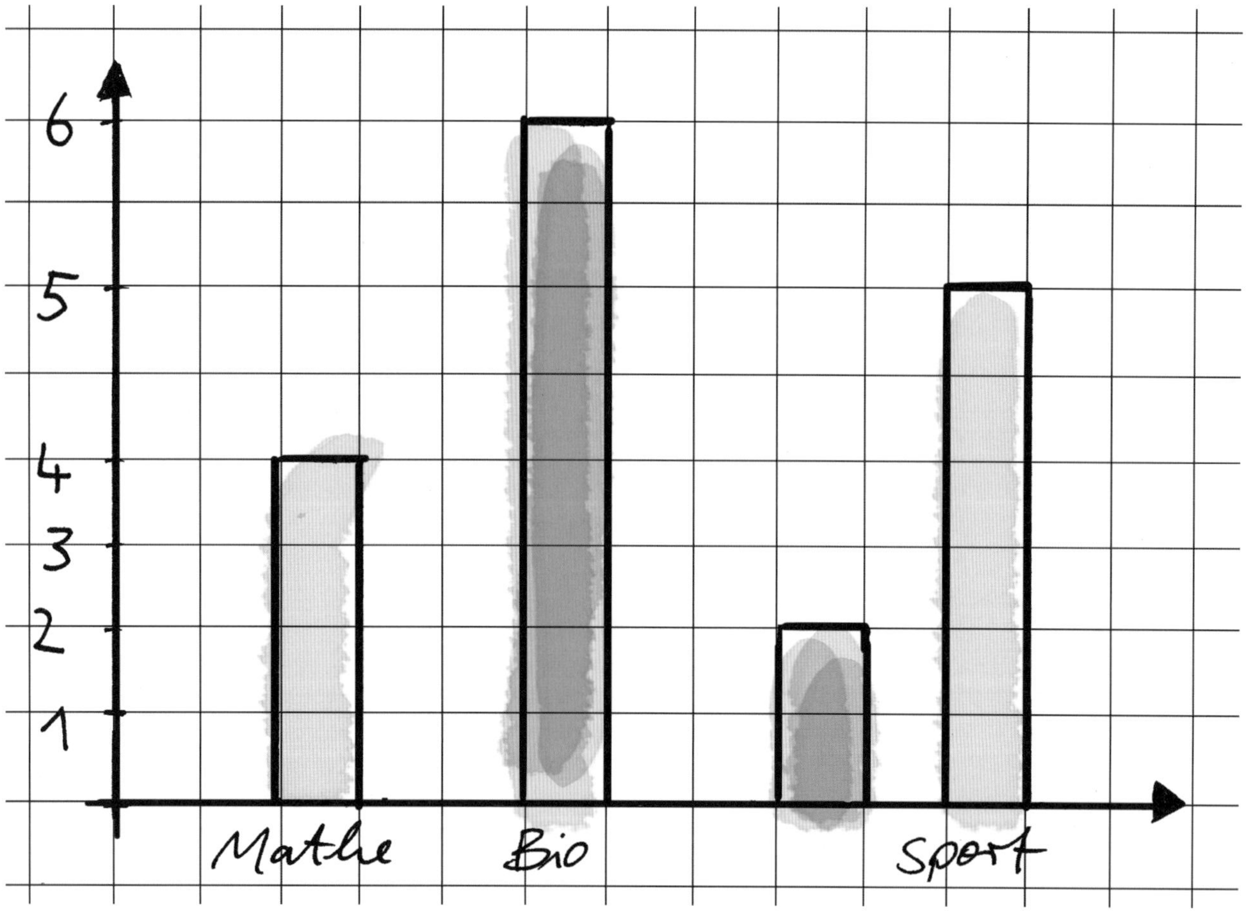

Ein Säulendiagramm zeichnen und Fehler erkennen

Name: | Datum:

Aufgabe 2
Zeichne das Diagramm (Aufgabe1) noch einmal neu und ohne die Fehler.
Nimm dazu die Häufigkeitstabelle unten zu Hilfe.

Lieblingsfach	Anzahl der Schüler
Mathe	4
Bio	6
Englisch	2
Sport	5

Name: Datum:

Aufgabe
Die 6e hat eine Klassenarbeit geschrieben.
Hier siehst du ihre Ergebnisse.
Erstelle dazu ein Säulendiagramm.

Die Ergebnisse der letzten Klassenarbeit der 6e:

2 x 1
7 x 2
4 x 3
8 x 4
2 x 5
1 x 6

Ein Achsenkreuz sinnvoll unterteilen

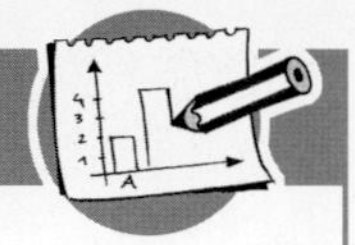

Name: | Datum:

Du hast schon zwei Säulendiagramme in ein Achsenkreuz gezeichnet. Nicht jedes Achsenkreuz hat die gleichen Unterteilungen. Die Zahlen auf der Y-Achse müssen zum Beispiel nicht immer bei 1 anfangen. Manchmal ist es sinnvoll erst bei 10, bei 100 oder sogar erst bei 1000 anzufangen.

Aufgabe 1
Überlege dir, welche Unterteilung der Y-Achse für welche Häufigkeitstabelle geeignet ist. Zeichne dann jeweils in das passende Koordinatenkreuz ein Säulendiagramm ein.

Häufigkeitstabelle A	
In Beatas Tüte sind	200 Sonnenblumenkerne
In Fatmas Tüte sind	150 Sonnenblumenkerne
In Ahmets Tüte sind	350 Sonnenblumenkerne
In Pauls Tüte sind	400 Sonnenblumenkerne

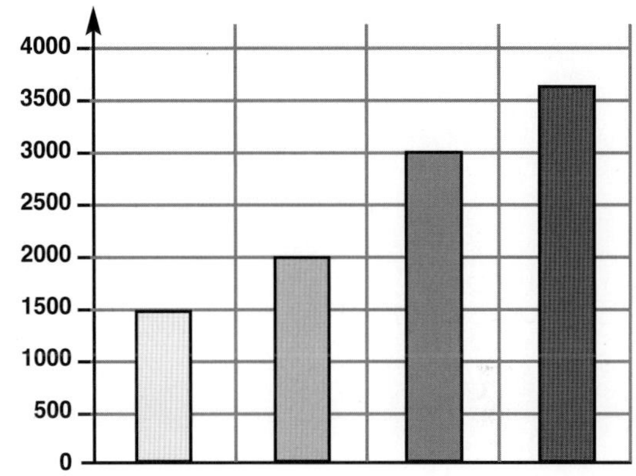

Häufigkeitstabelle B	
In Teich A leben	1500 Fische
In Teich B leben	2000 Fische
In Teich C leben	3000 Fische
In Teich D leben	3700 Fische

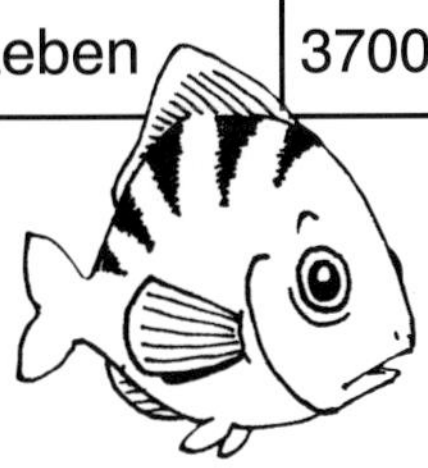

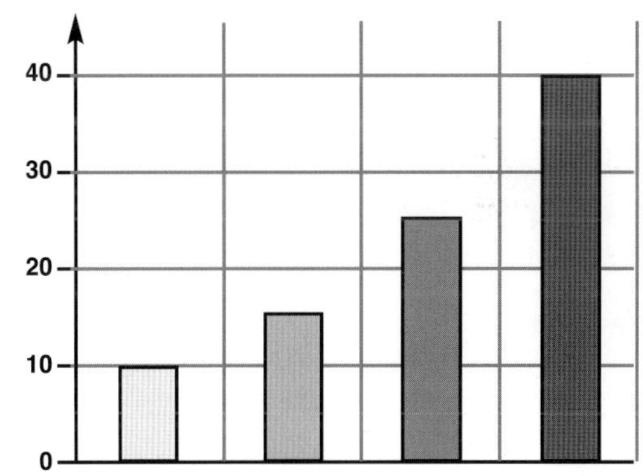

Häufigkeitstabelle C	
Buch A hat	10 Seiten
Buch B hat	15 Seiten
Buch C hat	25 Seiten
Buch D hat	40 Seiten

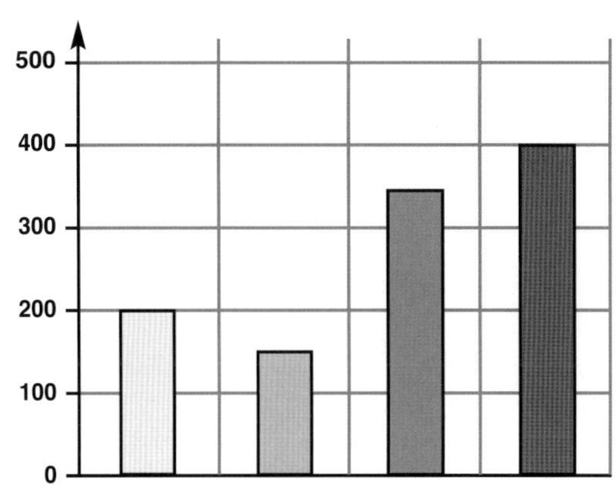

Ein Achsenkreuz sinnvoll unterteilen

Name: | Datum:

INFO: Wenn du ein Säulendiagramm zeichnest, musst du also darauf achten, dass dein Achsenkreuz sinnvoll unterteilt ist.

Wenn du die Säulen zeichnest, kann es aber auch sein, dass die Daten nicht genau mit den Einteilungswerten übereinstimmen. Wenn die Unterteilung zum Beispiel 10 – 20 – 30 – 40 ist, eine Datengruppe aber 25 ergibt, dann musst du die Säule so zeichnen, dass sie bis zur Mitte zwischen 20 und 30 geht.

INFO: **Beispiel:** *3 Kinder vergleichen ihre Musiksammlung.*

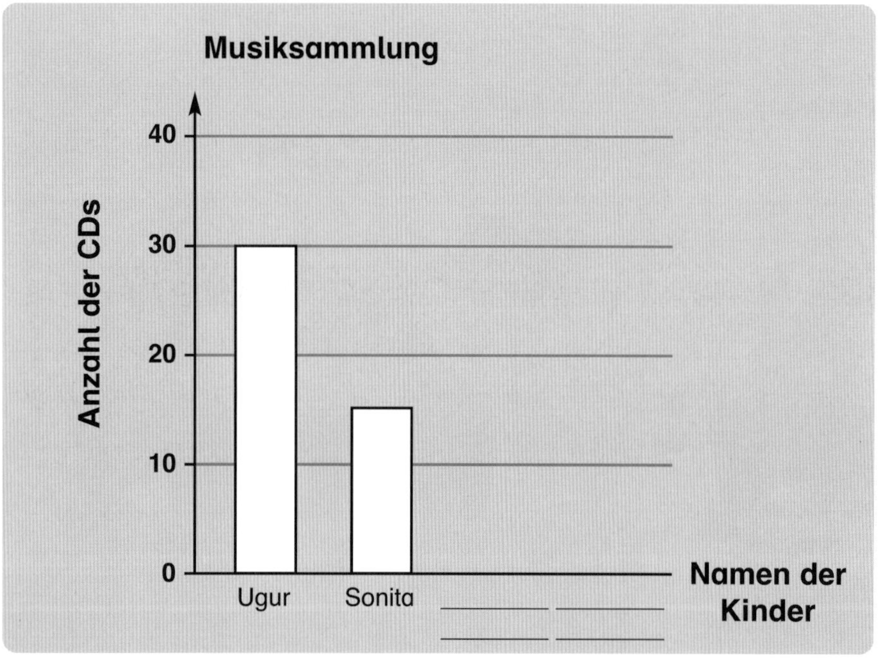

Ugur besitzt	30 CDs
Sonita besitzt	15 CDs
Volker besitzt	35 CDs

Aufgabe 2
Ugurs Daten lassen sich leicht einzeichnen. Bei Sonita ist das etwas schwieriger. Erkläre, was hier schwieriger ist.

____

____

____

____

____

Aufgabe 3
Zeichne die Säule für Volker in das Achsenkreuz ein.

Aufgabe 4
Zeichne auch eine Säule für Hans, der 37 CDs besitzt.

Ein eigenes Achsenkreuz erstellen

Name: | Datum:

Aufgabe
Sieh dir die beiden Häufigkeitstabellen an. Überlege dir eine sinnvolle Unterteilung für die Y-Achse und zeichne dann für jede der beiden Häufigkeitstabellen ein Säulendiagramm für die jeweiligen Daten. Zeichne ins Heft oder auf ein Extrablatt.

Häufigkeitstabelle 1:
In der Fußballbundesliga haben in der Saison 2006/2007 die folgenden Spieler die meisten Tore geschossen:

Theofanis Gekas (VFL Bochum)	20 Tore
Roy Makaay (FC Bayern)	16 Tore
Alexander Frei (Borussia Dortmund)	16 Tore
Kevin Kuranyi (Schalke 04)	15 Tore
Mario Gomez (VFB Stuttgart)	14 Tore
Sergiu Radu (Energie Cottbus)	14 Tore

Torwart © Michael Flippo - Fotolia.com

Häufigkeitstabelle 2:
8 Freunde wollen sich nachmittags bei Esra zum Play-Station-Spielen treffen.
Sie haben es unterschiedlich weit.

Maja	geht 10 Minuten
Emre	geht 50 Minuten
Ayse	geht 15 Minuten
Nina	geht 30 Minuten
Olaf	geht 20 Minuten
Turgay	geht 5 Minuten

Ein Achsenkreuz erstellen und ein Säulendiagramm erstellen

Name: | Datum:

Die sechs Freundinnen Ute, Geli, Sabine, Susanne, Franziska und Anne sammeln seit drei Jahren 1-Cent-Stücke. Jetzt treffen sie sich und zählen, wer die meisten Cent-Stücke gesammelt hat.

- Ute hat 1100 Cent-Stücke gesammelt.
- Susanne hat 1800 Cent-Stücke gesammelt.
- Geli hat 1300 Cent-Stücke gesammelt.
- Franziska hat 500 Cent-Stücke gesammelt.
- Sabine hat 700 Cent-Stücke gesammelt.
- Anne hat 800 Cent-Stücke gesammelt.

Aufgabe
Überlege dir eine sinnvolle Unterteilung für die Y-Achse und zeichne dann ein Säulendiagramm für die Daten.
Sollte der Platz nicht reichen, zeichne ins Heft oder auf ein Extrablatt.

Ein Balkendiagramm erstellen

Name: | Datum:

Du kennst jetzt schon 2 wichtige Diagramme, das Säulendiagramm und das Kreisdiagramm. Als Experte kannst du hier noch ein weiteres Diagramm kennenlernen, das Balkendiagramm. Das Balkendiagramm sieht aus, wie ein umgekipptes Säulendiagramm. Die Balken liegen waagerecht und zeigen von links nach rechts.
Du weißt bestimmt noch, dass Säulen aufrecht stehen und von unten nach oben zeigen. Beim Häuserbauen braucht man oft Querbalken. Auf dem Bild rechts kannst du die vielen Querbalken des Hauses gut erkennen.

Aufgabe 1
Zeichne die Querbalken in dem Haus rot ein.

Aufgabe 2
Zeichne die beiden Balken für „St. Pauli“ und „Veddel“ in das Diagramm ein.

17 Kinder wohnen in	Wilhelmsburg
9 Kinder wohnen in	Kirchdorf
11 Kinder wohnen in	Harburg
7 Kinder wohnen in	Veddel
3 Kinder wohnen in	St. Pauli

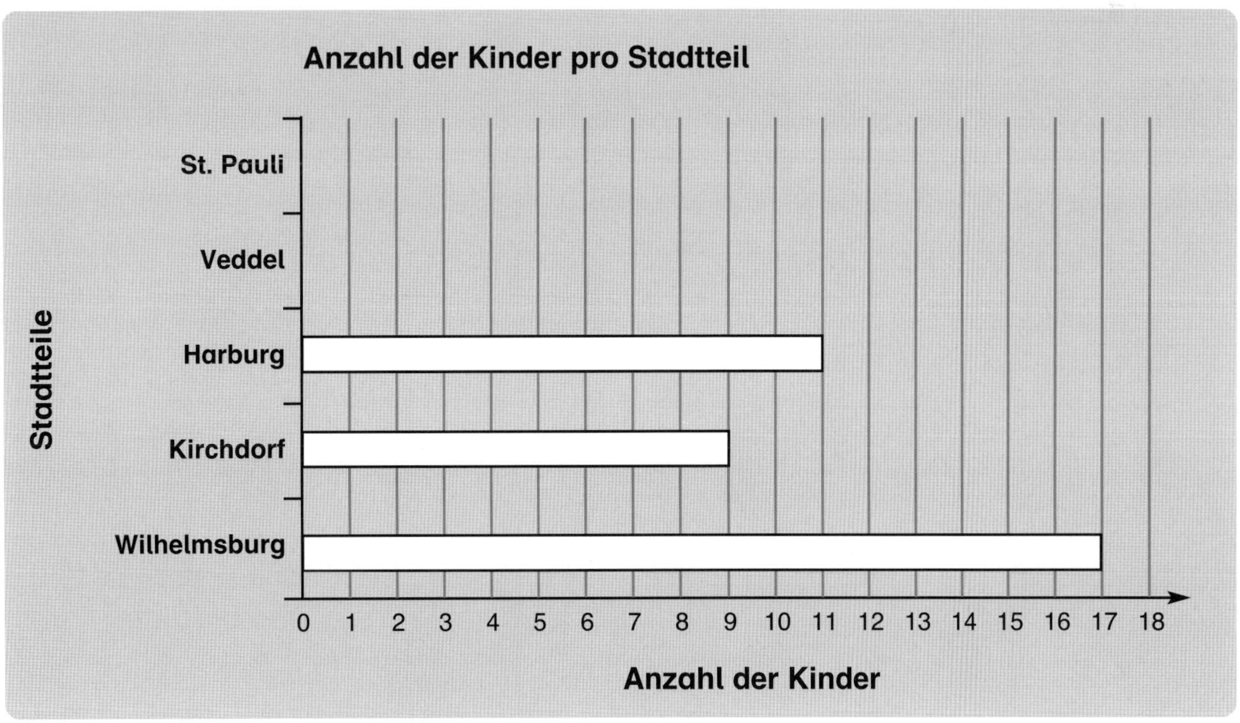

Daten der Größe nach ordnen

Name: | Datum:

Du hast im ersten Kapitel schon gelernt, wie man Daten in Gruppen ordnet.
Jetzt lernst du, wie man sie nach ihrer Größe sortiert.

Cem und Ali haben in ihrer Klasse eine Umfrage durchgeführt. Sie haben ihre Mitschüler befragt, wie viele Stifte sie in ihren Federtaschen dabei haben. Die Urliste zu dieser Umfrage siehst du unten.

Aufgabe 1
Bringe die Daten aus der Urliste in eine Reihenfolgen. Fange mit dem Schüler an, der die wenigsten Stifte in die Schule mitgebracht hat. Benutze das Zeichen < (= kleiner als).
Als Hilfe ist der Anfang schon gemacht.

Die Urliste:
5, 17, 12, 31, 9, 18, 37, 16, 11, 21, 14, 22, 27, 33

5 < 9 < 11 ... ______________________________

____

____

Aufgabe 2
Ordne jetzt auch die Daten aus den folgenden Urlisten der Größe nach.
Fange wieder mit der kleinsten Zahl an. Benutze wieder das Zeichen <.

a) Anzahl der Geschwister: 4, 2, 3, 0, 1

____

b) Größe der Mädchen: 1,61 m, 1,55 m, 1,43 m, 1,62 m, 1,49 m

____

c) Gewicht der Jungen: 37 kg, 41 kg, 45 kg, 39 kg, 42 kg

____

Name: | Datum:

Eine Rangliste ist eine Liste, in der die Daten der Größe nach geordnet sind.
Wenn du eine Rangliste erstellst, kannst du die Daten leichter miteinander vergleichen.
Du erkennst, ob ein Wert – oder auch eine Sache oder eine Person – größer oder kleiner ist.

INFO

Aufgabe 3
Schreibe jetzt zu jeder deiner Ranglisten auf, was der größte und was der kleinste Wert ist.
Benutze die gleichen Wörter wie im Beispiel.

Beispiel:
Das Kind mit den wenigsten Stiften in der Federtasche hatte 8 Stifte dabei.
Das Kind mit den meisten Stiften in der Federtasche hatte 31 Stifte dabei.

a) ____

____

____

____

b) ____

____

____

____

c) ____

____

____

____

Eine Rangliste erstellen – Sachrechenaufgaben

Name: Datum:

nlinerin © James Peragine - Fotolia.com

5 Kinder haben verglichen, wie lange sie pro Woche Sport machen. Katja macht am wenigsten Sport. Sie hat nur in der Schule eine Doppelstunde Sportunterricht. Burak treibt am meisten Sport. Er kommt jede Woche auf 4 Stunden.

Aufgabe 1
Überlege dir, wie lange die anderen 3 Kinder jede Woche Sport treiben könnten.
Schreibe eine mögliche Rangliste für die 5 Kinder auf.

---

7 Schulfreundinnen treffen sich nach Jahren wieder. Sie holen die Fotos ihrer Kinder raus und vergleichen, wie alt diese sind. Das jüngste Kind ist erst 1 Jahr alt. Das zweitjüngste ist schon über 3 Jahre älter. Zwei Kinder sind nur einen Monat auseinander. Das älteste Kind ist schon fast 14.

Aufgabe 2
In dem Text stecken viele Informationen. Nicht alle sind wichtig.
Unterstreiche das Alter der Kinder. Benutze ein Lineal!

Aufgabe 3
Stelle aus den Daten oben eine mögliche Urliste auf.
Gib das Alter der Kinder nur in ganzen Jahren an.

Name: Datum:

Aufgabe 1

Eine Joggerin ist sieben Tage lang jeden Tag gelaufen. Am Ende der Woche rechnet sie aus, dass sie durchschnittlich 5 km am Tag geschafft hat. Sie ist aber nicht jeden Tag die gleiche Streckenlänge gelaufen.

a) Gib zwei Möglichkeiten an, wie viele Kilometer sie an den sieben Wochentagen gelaufen ist.

b) Schreibe auch den größten und den kleinsten Wert auf.

Aufgabe 2

Sieben Kinder haben ihre Eltern für ein Schulprojekt gefragt, wie lange sie jeden Tag arbeiten. Das Ergebnis für die Väter siehst du unten in einem Säulendiagramm dargestellt. Lies die Daten ab und erstelle eine Rangliste.

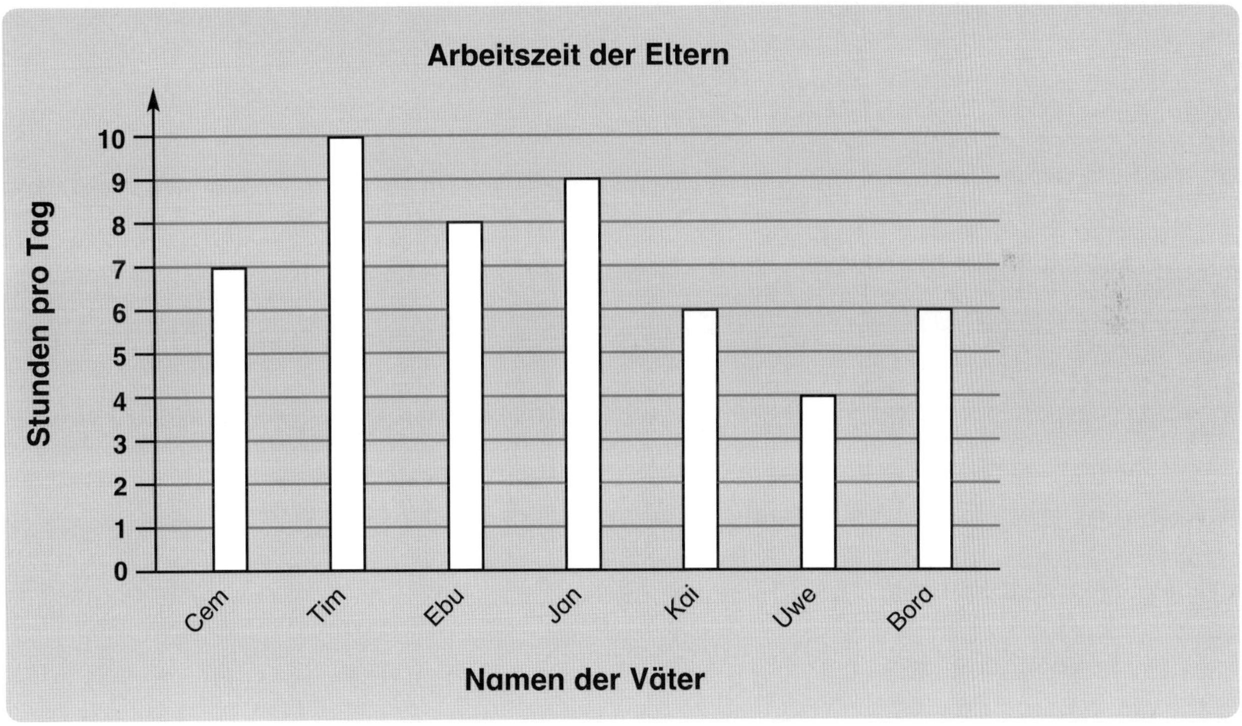

Der Zentralwert

Name: Datum:

Das Wort **Wert** kennst du schon. Es sagt dir, welchen Rang oder welche Position etwas hat. Das Wort **Zentrale** kennst du bestimmt auch schon aus anderen Zusammenhängen. Eine Firmenzentrale ist zum Beispiel der Hauptsitz der Firma. Es ist der Ort, um den sich alles herum aufbaut.

INFO

Der **Zentralwert** ist also der **Wert in der Mitte.**
Wenn du den Zentralwert herausfinden willst,
musst du zuerst eine Rangliste erstellen.

INFO

Wenn **zum Beispiel** *in einer Mathearbeit 3 Schüler eine 1, eine 3 und eine 5 geschrieben haben. Dann ist der Zentralwert die 3.*

Die Rangliste: $1 < 3 < 5$
Der Zentralwert ist 3.

Aufgabe 1
Sieh dir das Umfrageergebnis unten an und finde den Zentralwert.
Beende zuerst die angefangenen Sätze.

Beim Weitwurf haben 7 Schüler folgende Weiten geschafft: 3 m, 5 m, 1 m, 10 m, 7 m, 3 m, 6 m.

a) Zuerst erstelle ich eine ____________________ (Strichliste, Rangliste, Urliste):

____

____

____

b) Jetzt gucke ich, welcher Wert in der ______________ (Mitte, Seite, Sofaecke) steht.

Der Zentralwert ist: ________________

Der Zentralwert

Name: | Datum:

Aufgabe 2
Sieh dir die Umfrageergebnisse unten an und finde den Zentralwert heraus.

Ein Schüler notiert sich eine Woche lang, wie lange er nachmittags an seinen Hausaufgaben sitzt.

Montag: 20 Min. ✶ Dienstag: 18 Min. ✶ Mittwoch: 35 Min. ✶ Donnerstag: 15 Min.
✶ Freitag: 25 Min.

Der Zentralwert ist: ______________________

Expertenaufgabe
Eine paar Schulfreundinnen vergleichen, wie lang sie in den Sommerferien verreisen.
Finde aus den Daten den Zentralwert heraus.

7 Tage ✶ 2 Wochen ✶ 10 Tage ✶ 3 Wochen und 3 Tage
✶ 3 Tage ✶ vom 11. August bis zum 23. August ✶ 5 Wochen

____

____

____

____

Der Zentralwert ist: ______________________

Name: Datum:

Wenn eine Rangliste aus einer geraden Anzahl von Werten besteht, kannst du den Zentralwert nicht so leicht herausfinden. Es stehen dann zwei Werte in der Mitte der Rangliste.

INFO

Beispiel:

Name	Weitwurfergebnis
Nadine	22 m
Lutz	23 m
Ilyas	26 m
Burak	32 m
Hanim	36 m
Sherif	39 m
Barbara	42 m
Lars	44 m

Diese beiden Werte stehen in der Mitte. Um den Zentralwert herauszufinden, musst du diesmal rechnen: Du addierst die beiden Werte aus der Mitte und teilst das Ergebnis dann durch zwei.

Aufgabe 1

Lies dir die Erklärung gründlich durch.
Unten haben 3 Kinder versucht, den Zentralwert für diese Rangliste zu berechnen. Sie haben es leider falsch gemacht. Sieh dir die Rechnungen an und ordne ihnen dann die Erklärungen für die Fehler zu.

22 + 42 = 64
64 : 2 = 32
Der Zentralwert ist 32.

Hier sind beide Werte aus der Mitte nicht durch 2 geteilt worden, sondern durch 4.

36 – 32 = 4
4 : 2 = 2
Der Zentralwert ist 2.

Hier sind nicht die beiden Werte aus der Mitte addiert worden, sondern der größte und der kleinste Wert.

36 + 32 = 68
68 : 4 = 17
Der Zentralwert ist 17

Hier sind die beiden Werte aus der Mitte nicht addiert worden, sondern subtrahiert worden.

Name: Datum:

Aufgabe 2
Kannst du den Zentralwert jetzt berechnen? Unten siehst du eine angefangene Rechnung. Vervollständige sie, indem du die Lücken ausfüllst.

32 + _______ = 68

68 : _______ = 34

Der Zentralwert ist: ______________________

Aufgabe 3
Berechne jetzt die Zentralwerte für die folgenden Datengruppen.
Erstelle zuerst eine Rangliste.

1. 10 Kinder vergleichen, wie viele Seiten das Buch hat, das sie gerade lesen.

204 Seiten * 82 Seiten * 360 Seiten * 432 Seiten * 216 Seiten
120 Seiten * 627 Seiten * 509 Seiten * 163 Seiten * 387 Seiten

2. Sechs Männer machen eine Diät, um fit für ihr großes Tennisturnier zu sein. Nach zwei Wochen vergleichen sie, wie viel sie schon abgenommen haben. Die Ergebnisse sind in einer Rangliste dargestellt.

1 kg * 2,5 kg * 1,7 kg * 1,5 kg * 3 kg * 2,3 kg

Eigene Aufgaben zum Zentralwert

Name: Datum:

Aufgabe
Denke dir jetzt eine eigene Aufgabe zum Zentralwert aus.
a) Löse deine Aufgabe zuerst selbst und
b) stelle sie dann deinem Tischnachbarn.

Meine Aufgabe:

Meine Lösung:

Hier hat mein Tischnachbar gerechnet:

Die Spannweite

Name: | Datum:

Dieses Flugzeug hat die **Spannweite** 21 Meter. Das bedeutet, dass von der linken bis zur rechten Flügelspitze gemessen wird. Die gesamte Länge der beiden Flügel zusammen beträgt 21 m.

INFO

In der **Mathematik** ist die Spannweite die **Differenz zwischen dem größten und dem kleinsten Wert einer Datengruppe**.

Du kannst die Spannweite ausrechnen, indem du von dem größten Wert den kleinsten Wert subtrahierst (abziehst).

Beispiel:
Wenn du die Deutscharbeit einer Schülergruppe auswertest und die Noten sind 1, 3, 4, 4, 2, 5, 5, 3, dann berechnest du die Spannweite so:

- *Die Rangliste: 1 < 2 < 3 < 4 = 4 < 5 = 5*
- *Der größte Wert ist: 5*
- *Der kleinste Wert ist: 1*
- *Die Differenz ist: 5 – 1 = 4*
- *Die Spannweite beträgt also: 4*

Aufgabe
Berechne die Spannweite für die beiden folgenden Datengruppen.

a) 6 Spieler einer Handballmannschaft wurden gefragt, wie viele Tore sie im letzten Spiel geworfen haben. Es waren 3, 9, 7, 5, 2 und 8 Tore.

1. Die Rangliste: ______
2. Der größte Wert ist: ______
3. Der kleinste Wert ist: ______
4. Die Differenz ist: ______
5. Die Spannweite beträgt also: ______

b) Familie Öncu wurde nach den Schuhgrößen ihre Familienmitglieder befragt. Die Kinder haben die Schuhgrößen 35 und 36, die Mutter hat Schuhgröße 39 und der Vater 42.

1. Die Rangliste: ______
2. Der größte Wert ist: ______
3. Der kleinste Wert ist: ______
4. Die Differenz ist: ______
5. Die Spannweite ist also: ______

Name: Datum:

Aufgabe 1
Schreibe für die folgenden Datengruppen die Ranglisten auf.
a) Bestimme den größten und den kleinsten Wert.
b) Berechne die Spannweite.
c) Bestimme den Zentralwert.
Bearbeite die Aufgaben im Heft oder auf einem Extrablatt.

1. 9 Kinder haben ihre Größe gemessen:

1,45 m * 1,37 m * 1,62 m * 1,39 m * 1,53 m * 1,42 m * 1,61 m * 1,41 m * 1,57 m

2. Bei den Bundesjungendspielen wurden die Weiten im Weitsprung gemessen:

2,65 m * 4,01 m * 3,75 m * 2,98 m * 3,78 m * 4,04 m * 3,52 m * 3,87 m * 3,69 m

Aufgabe 2
3 Kinder vergleichen die Noten ihrer Mathetests die Ergebnisse siehst du in einer Häufigkeitstabelle.
Sieh dir die Tabellen sorgfältig an und bestimme für jeden Schüler …
a) den größten und den kleinsten Wert.
b) die Spannweite.
c) den Zentralwert.
d) Wer von den dreien ist der beste Schüler? Begründe deine Antwort.

Peter

Note	Häufigkeit
1	0
2	3
3	1
4	1
5	0

Paul

Note	Häufigkeit
1	2
2	1
3	1
4	1
5	0

Mary

Note	Häufigkeit
1	1
2	1
3	2
4	0
5	1

Spannweiten berechnen

Name: | Datum:

Aufgabe

Die 5 Tischgruppen der Klasse 6d erzählen ihrer Klassenlehrerin von ihren Ergebnissen beim Weitwurf.

a) Überlege dir für jede Tischgruppe eine mögliche Rangliste.

b) Nenne den Zentralwert, wenn er nicht gegeben ist, und die Spannweite.

Schreibe in dein Heft.

1. *Die Koalas:*
   Am Tisch der Koalas sitzen 5 Kinder. Der beste Werfer hat 42 Meter weit geworfen. Der schlechteste 23 Meter.

2. *Die Löwen:*
   Bei den Löwen sitzen 6 Kinder am Tisch. Der Zentralwert ist 27 Meter. Der zweitbeste Werfer hat 35 Meter weit geworfen. Der schlechteste Werfer 18 Meter.

3. *Die Pinguine:*
   Bei den Pinguinen sitzen 6 Kinder am Tisch. Der beste Werfer hat 44 Meter geworfen, der schlechteste hat 10 Meter weniger geworfen, als der zweitschlechteste.

5. *Die Wale:*
   Bei den Walen sitzen 4 Kinder am Tisch. Zwei Kinder haben gleich weit geworfen. Sie waren nicht die Besten und auch nicht die Schlechtesten. Die beste Werferin hat 5 Meter weiter geworfen als der schlechteste Werfer.

5. *Die Füchse:*
   Bei den Füchsen sitzen 5 Kinder an der Tischgruppe. Die Weiten, die sie geworfen haben, liegen mindestens 4 Meter auseinander. Der drittbeste Werfer hat 30 Meter geworfen.

Name: | Datum:

Aufgabe 1
6 Kinder sind gefragt worden, wie viele Computerspiele sie besitzen.
Das Ergebnis siehst du in einem Säulendiagramm.
Lies die Daten ab und …
a) bestimme den größten und den kleinsten Wert,
b) berechne die Spannweite,
c) bestimme den Zentralwert.

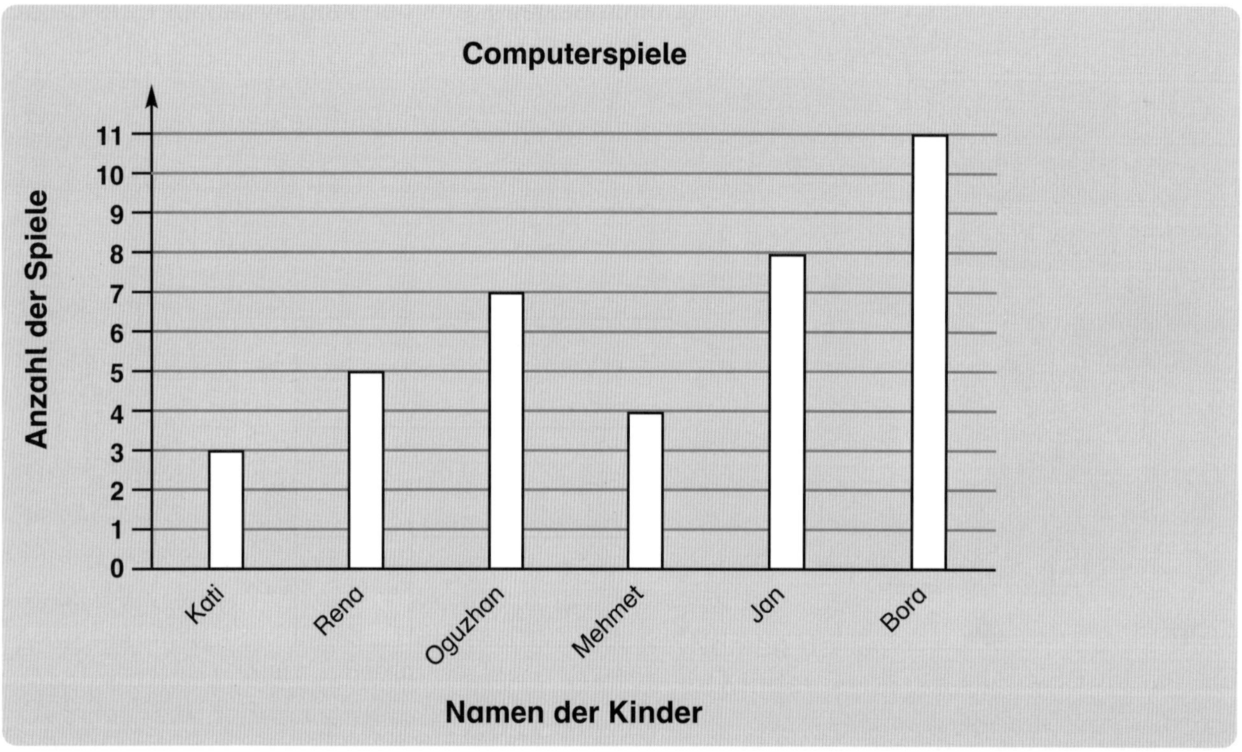

Aufgabe 2

Den Sieger bestimmen
Die Juniorenmeisterschaften im Kirschkern-Weitspucken sind entschieden.
Im Finale standen die Mannschaften aus Klein Döhren und Groß Döhren.
Die Ergebnisse siehst du in der Tabelle unten.

a) Erstelle für beide Mannschaften eine Rangliste. Sortiere nach der Größe.
b) Berechne für beide Mannschaften den Zentralwert.
c) Errechne für beide Mannschaften die Spannweite.
d) Welche Mannschaft könnte wohl der Sieger der Juniorenmeisterschaften sein? Stelle mindestens 2 verschiedene Möglichkeiten vor, wie du den Sieger dieser Meisterschaft bestimmen würdest.

Mannschaft	1. Spieler	2. Spieler	3. Spieler	4. Spieler	5. Spieler	6. Spieler
Klein Döhren	13,83	14,79	13,56	14,33	15,41	13,65
Groß Döhren	14,03	13,98	14,92	13,37	15,20	14,11

1.1 Umfrage – Jemanden nach etwas fragen I S. 8/9

Aufgabe 1

a) Patrick fragt seinen Mannschaftskameraden nach dem Alter:
„Wie alt bist du?"

b) Esra fragt ihre Lehrerin nach der Anzahl der Geschwister:
„Wie viele Geschwister haben Sie?"

c) Cem fragt die Freundin seiner Mutter, wo sie zur Schule gegangen ist.
„Wo sind Sie zur Schule gegangen?

d) Paul fragt seine kleine Schwester, wie viele Stunden Unterricht sie heute in der Schule hat.
„Wie viele Stunden Unterricht hast du heute?"

e) Christiane fragt eine Verkäuferin im Supermarkt, wo sie die Schokolade finden kann.
„Entschuldigen Sie, wo finde ich die Schokolade?"

Aufgabe 2

Du willst wissen, ...

a) ... wo ein anderer wohnt:
„Wo wohnst du?"
„Wo wohnen Sie?"

b) ... was dein Nachbar gern spielt:
„Was spielst du gern?"
„Was spielen Sie gern?"

c) ... welche Augenfarbe die andere hat:
„Welche Augenfarbe hast du?"
„Welche Augenfarbe haben Sie?"

Aufgabe 3

2. Antwort: „Es ist 8:00 Uhr."
Frage: **„Wie spät ist es?"**

3. Antwort: „In der zweiten Stunde haben wir Sport."
Frage: **„Was haben wir heute in der zweiten Stunde?"**

4. Antwort: „Ich war auf der Grundschule Buddestraße."
Achtung: Setze die Satz-Zeichen („?") von nun an selbst!
Frage: **„Auf welcher Grundschule warst du?"**

1.2 Umfrage – Jemanden nach etwas fragen II S. 10

Aufgabe 1

Fall 1: Du willst etwas rot anmalen und brauchst von deinem Nachbarn einen Buntstift.
„Kannst du mir bitte einen roten Buntstift leihen?"

Fall 2: Du willst von deinem Schulleiter wissen, ob morgen dein Matheunterricht ausfällt.
„Können Sie mir bitte sagen, ob morgen der Matheunterricht der 5d ausfällt?"

Fall 3: Du willst einen Polizisten nach dem Weg zur Bücherhalle fragen.
„Können Sie mir bitte sagen, wie ich zur nächsten Bücherhalle komme?"

Fall 4: Du willst in die Pause und ein Junge steht dir im Weg.
„Kannst du mir bitte aus dem Weg gehen? Ich möchte gern durch."

Aufgabe 2

AUSSAGE	RICHTIG	FALSCH
Wenn ich jemanden frage, ob er einen Hund hat, habe ich eine Umfrage gemacht.		X
Wenn ich 12 Leute frage, ob sie einen Hund haben, habe ich eine Umfrage gemacht.	X	
Wenn ich jemanden nach der Uhrzeit frage und jemand anderen nach dem Weg, habe ich eine Umfrage gemacht.		X

1.3 Daten ordnen I / Spracharbeit S. 11

Aufgabe 1
1. Ein anderes Wort für Informationen ist: „Daten".
2. Ich fasse Daten zu Gruppen zusammen, um einen besseren Überblick zu bekommen.

   Zu dem Begriff **sortieren** passen die folgenden Wörter:
   Gruppen bilden, Überblick verschaffen, ordnen, Gleiches zusammentun, zusammenfassen.

1.4 Daten ordnen II / Sammeln und sortieren S. 12/13

Aufgabe 2

braun braun braun	blau blau blau	grün grün grün

1.5 Daten ordnen III / Sammeln, sortieren und auswerten S. 14/15

Aufgabe 1
a) „Sortieren" bedeutet, gleiche Dinge zu Gruppen zusammenzufassen. Dadurch ordnest du sie und verschaffst dir einen besseren Überblick.
b) „Daten" sind Informationen. Immer wenn du jemanden nach etwas fragst, ist seine Antwort eine Information.

Aufgabe 2
Das Besteck, die Bücher, die Getränke, der Schmuck ... Du kannst noch viele andere Dinge sortieren.

Aufgabe 3
a) Die Haarfarbe von Kindern sortiere ich nach blond, braun, schwarz ...

Aufgabe 4
Daten sind Informationen.
Sortieren bedeutet: etwas ordnen.

1.6 Die Urliste S. 16

Aufgabe 1
Verschiedene Antworten und Urlisten sind möglich.

Aufgabe 2
Verschiedene Antworten sind möglich.

1.7 Die Strichliste und die Häufigkeitstabelle S. 17/18

Aufgabe 1
a) *Hier kannst du nicht vergleichen, weil jede Tischgruppe eine andere Strichliste hat.*
b) Ein Strich wird schräg durch die anderen Striche gezeichnet, wenn schon vier Striche gemacht worden sind. Der fünfte Strich wird schräg durch diese vier gezeichnet, so fasst er immer fünf Striche zu einem „Päckchen" zusammen.

Aufgabe 2
Es sind verschiedene Lösungen möglich.

1.8 Strichlisten und Häufigkeitstabellen S. 19/20

Aufgabe 1
a)

Mir gefällt besonders	Die Anzahl	Die absolute Häufigkeit
die Kantine	~~////~~ ~~////~~ ~~////~~ ~~////~~	20
die Kickerspiele	~~////~~ ~~////~~ ~~////~~ ///	18
die Lehrer	~~////~~ ~~////~~ ~~////~~ ////	19
die Pausenhalle	~~////~~ ~~////~~ ~~////~~ //	17
die Nachmittagspause	//	2
der Sportplatz	~~////~~ ~~////~~ ~~////~~ ~~////~~ //	22

b) Die 5.-Klässler mögen den Sportplatz am liebsten. 22 Schüler haben ihn gewählt. 20 Schüler mögen die Kantine am liebsten und 19 Schülern gefallen an der neuen Schule die Lehrer am besten.

Aufgabe 2
Gemeinsamkeiten (Beispiele): Die Kantine ist bei der 5b und 5c gleich beliebt. Die 5b und die 5c finden die Nachmittagspause nicht gut.
Unterschiede (Beispiele): Der 5c gefallen die Lehrer an der Schule mehr als den Schülern der 5b ...

1.9 Daten in eine Strichliste einordnen S. 21

Aufgabe

Treffer/Mädchen	Strichliste
0 Treffer	//
1 Treffer	/
2 Treffer	////
3 Treffer	///
4 Treffer	/
5 Treffer	/

Treffer/Jungen	Strichliste
0 Treffer	/
1 Treffer	//
2 Treffer	////
3 Treffer	/
4 Treffer	///
5 Treffer	/

1.11 Das war bisher wichtig S. 23

Aufgabe
Wenn du jemandem eine Frage stellst, ist seine Antwort eine Information. Diese Informationen werden auch **Daten** genannt. Wenn du mehreren Menschen dieselbe Frage stellst, führst du **eine Umfrage** durch. Damit du die Antworten nicht wieder vergisst, schreibst du sie auf. Das, was du aufgeschrieben hast, ist **eine Urliste**.
Nachdem du eine Urliste geschrieben hast, musst du die Daten sortieren. Dazu erstellst du zuerst eine **Strichliste**. Wie ein Besteckkasten hat sie verschiedene Fächer zum **Sortieren**. Für die Daten aus deiner Urliste machst du jeweils einen Strich hinter die passende Antwort.
Nachdem du eine Strichliste erstellt hast, machst du **eine Häufigkeitstabelle**. Im Unterschied zur Strichliste stehen in dieser Tabelle **Zahlen** anstelle der Striche.

1.12 Daten auswerten S. 24/25

Aufgabe 1
a) Es wurden acht Kinder befragt.
b) Es sind fünf Mädchen in der Gruppe.
c) Die Kinder nennen drei verschiedene Lieblingsfarben.

Aufgabe 2
a) Wie viele Jungen können schwimmen? – Es können zwei Jungen schwimmen.
b) Wie viele Kinder haben die Lieblingsfarbe Rot? – Vier Kinder haben Rot als Lieblingsfarbe.

Aufgabe 3
a) In der Gruppe gibt es mehr Mädchen als Jungen.
b) Es gibt mehr Nichtschwimmer in der Gruppe.
c) Die meisten Schüler mögen die Farbe Rot am liebsten.

Aufgabe 4
a) Es sind 3 Mädchen in der Gruppe. – **falsch**
b) Die Schüler basteln. Die meisten wählen blaues Papier. – **nicht überprüfbar**
c) Fatma und Turgut haben die gleiche Lieblingsfarbe. – **richtig**
d) Paul und Turgut sind die einzigen Schwimmer in der Klasse. – **richtig**
e) Die Farbe Grün mögen die Schüler überhaupt nicht. – **nicht überprüfbar**

1.13 Geburtstage in der Klasse — S. 26

Aufgabe 1
Jede Klasse hat eine andere Geburtstagsliste.

Aufgabe 2
Die Summe ist genauso groß wie die Anzahl der Schüler in der Klasse.

1.14 Ein Fragebogen — S. 27

Aufgabe
a) 17 Kinder fahren Rad. Sieben Kinder fahren nicht Rad.
b) Nein, es stimmt nicht, dass Mädchen eher Pizza mögen und Jungen Spaghetti. Nur ein Mädchen sagt, dass Pizza ihr Lieblingsessen ist.
c) Eine Strichliste zum Thema „Lieblingsverein“:

Die Lieblingsvereine	Die Anzahl
FC Bayern	𝍸
HSV	𝍸 //
FC Barcelona	𝍸
Arsenal London	////
AC Mailand	////

1.15 Strichliste auswerten I — S. 28

Aufgabe
In der fünften Klasse kommen sechs Schüler zu Fuß zur Schule. Von allen befragten Schülern kommen sieben mit der Bahn oder dem Bus zur Schule. Es kommen mehr Schüler aus der sechsten Klasse mit dem Fahrrad zur Schule als Schüler aus der achten Klasse. Die meisten Schüler kommen zu Fuß zur Schule. In der sechsten Klasse kommt nur ein Schüler mit dem Bus oder der Bahn zur Schule. Insgesamt wurden 47 Schüler befragt.

Hier gibt es noch sehr viele andere Möglichkeiten. Bestimmt sind die Sätze, die du aufgeschrieben hast auch richtig.

1.16 Strichliste auswerten II — S. 29

Aufgabe
a) 47 Kinder möchten gern eine rote Brotdose haben.
b) 22 möchten gern eine gelbe oder grüne Brotdose haben.
c) Insgesamt muss der Vorsitzende des Schulvereins 140 Brotdosen aus dem Schrank holen.
d) Es gibt die Brotdosen in sechs verschiedenen Farben.
e) 102 Schüler möchten ihre Brotdose lieber in einer anderen Farbe als Rosa oder Orange haben.

1.18 Eine eigene Umfrage vorbereiten, planen und durchführen S. 31

Aufgabe 1
Es ist so schwierig die Daten auszuwerten, weil man die Geldbeträge nicht vergleichen kann. Sie sind für unterschiedliche Zeiträume angegeben.

Aufgabe 2
Um die Daten miteinander zu vergleichen, muss man zuerst ausrechnen, wie viel Taschengeld jedes Kind pro Tag bekommt.

Die Urliste:
20 Cent pro Tag,
2,80 € in der Woche = 40 Cent pro Tag
4,20 € jeden zweiten Montag = 30 Cent pro Tag
3 € im Monat (30 Tage) = 10 Cent pro Tag
2,80 € an jedem Mittwoch = 40 Cent pro Tag
2,10 € pro Woche = 30 Cent pro Tag
1,40 € pro Woche = 20 Cent pro Tag
9 € im Monat (30 Tage) = 30 Cent pro Tag
1,40 € an jedem zweiten Dienstag = 10 Cent pro Tag

Die Häufigkeitstabelle:

	Anzahl	Absolute Häufigkeit
10 Cent pro Tag	//	2
20 Cent pro Tag	//	2
30 Cent pro Tag	///	3
40 Cent pro Tag	//	2

Aufgabe 3
Hier kannst du nicht vergleichen, weil jeder eine andere Umfrage plant.

2.1 Daten lesen S. 33

Aufgabe 1
Das Dach wird von 6 „Säulen" getragen.

Aufgabe 2

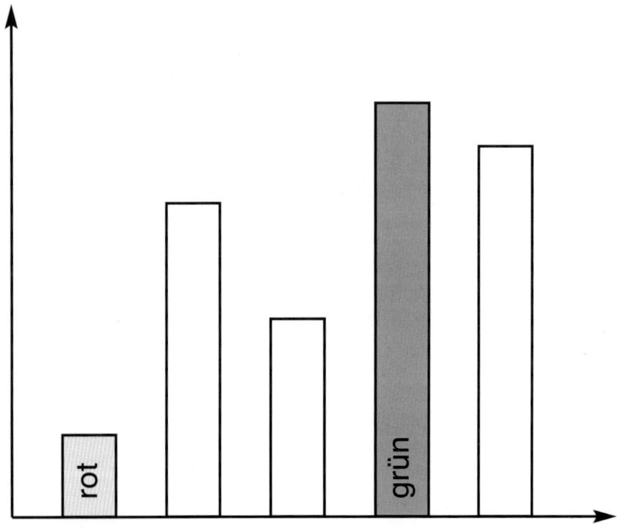

Aufgabe 3

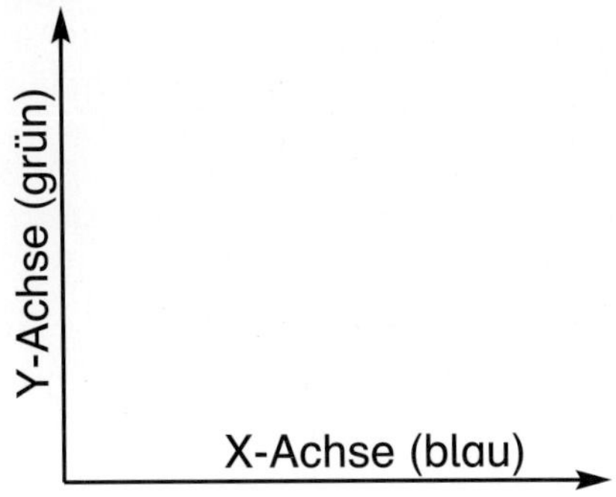

Aufgabe 4

Name	Taschengeld
Ines	9,00 €
Sülo	6,00 €
Kim	8,00 €
Max	4,00 €
Cem	10,00 €

2.2 Wortsuchrätsel S. 34

Aufgabe 1/2

- die Y-Achse
  Bedeutung: Die Y-Achse ist der senkrechte „Strich“ in einem Achsenkreuz.
- die X-Achse
  Bedeutung: Die X-Achse ist der waagerechte „Strich“ in einem Achsenkreuz.
- das Achsenkreuz
  Bedeutung: Das Achsenkreuz besteht aus der X- und der Y-Achse. In ein Achsenkreuz zeichnest du Diagramme ein.
- das Säulendiagramm
  Bedeutung: Ein Säulendiagramm wird gezeichnet, um Daten darzustellen. Es besteht aus Säulen, die in ein Achsenkreuz gezeichnet weden.

2.3 Das muss ich mir merken S. 35/36

Aufgabe 1

Für eine Umfrage muss ich mir erst eine **Frage** überlegen. Diese Frage stelle ich dann nacheinander mehreren Personen. Die Antworten schreibe ich mir auf. So habe ich eine **Urliste** erstellt. Als Nächstes erstelle ich eine **Strichliste**. Dabei **ordne/sortiere** ich meine gesammelten Daten, wie in einen Besteckkasten. Danach zähle ich die Striche meiner Strichliste zusammen und schreibe die Anzahl als **Zahl** auf. So habe ich eine **Häufigkeitstabelle** erstellt.

Man kann Daten zeichnen. Diese Zeichnung heißt **Diagramm**. Eine Möglichkeit ist das **Säulendiagramm**. Wenn ich ein solches Diagramm zeichnen will, muss ich erst ein **Koordinatenkreuz** zeichnen. Es besteht aus zwei Geraden, diese Geraden werden **X-Achse** und **Y-Achse** genannt.

Aufgabe 3

Hier kannst du nichts vergleichen, weil jeder seine eigene Eselsbrücke bauen soll.

Aufgabe 4

Hier kannst du nicht vergleichen, weil jeder sein eigenes Bild zeichnet.

2.4 Ein Säulendiagramm lesen I S. 37

Aufgabe
1. Um wen oder was geht es in diesem Diagramm?
   Es geht um die Handymarken von Schülern.
2. Welche Handymarken benutzen die befragten Schüler?
   Sie benutzen Nokia, Sony Ericsson, Siemens, Motorola und LG.
3. Welche Handymarke wurde am häufigsten genannt?
   Am häufigsten wurde Nokia genannt.
4. Welche Handymarke ist die Beste?
   Diese Frage kann man nicht beantworten.
5. Welche Handymarke wird von 5 Schülern benutzt?
   Fünf Schüler benutzen ein Motorola-Handy.
6. Warum haben so wenige Schüler ein LG-Handy?
   Diese Frage kann man nicht beantworten.
7. Wie viele Schüler haben ein Siemens- oder ein Motorola-Handy?
   Neun Schüler haben ein Siemens- oder ein Motorola-Handy.

2.5 Ein Säulendiagramm lesen II / Schuhgrößen S. 38

Aufgabe 1
Die Frage, die den Kindern gestellt wurde lautete: „Welche Schuhgröße hast du?“

Aufgabe 2
Vier Schüler der Klasse 5c haben die Schuhgröße **39** Schüler. Insgesamt gehen in die Klasse 5c **23** Schüler. Die Schuhgrößen 36 und 37 kommen **16**-mal vor. Die Schuhgröße **36** kommt am häufigsten vor.

2.6 Säulendiagramm lesen III / Weitwurfergebnisse S. 39/40

Aufgabe 1

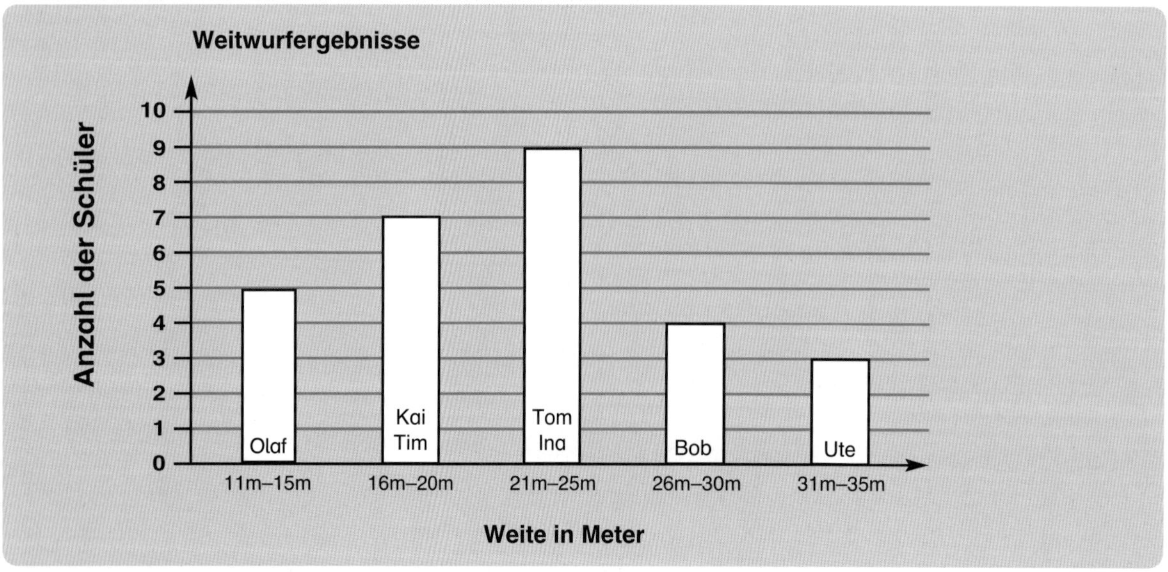

Aufgabe 2

1. Um wen oder was geht es in diesem Diagramm?
   Es geht um das Alter der Lehrer an der Schule Weidenstieg.
2. Wie würdest du deine Lehrer nach ihrem Alter fragen?
   „Entschuldigen Sie, können Sie mir sagen, wie alt sie sind?"
3. Wie viele Frauen arbeiten an der Schule Weidenstieg?
   Das kann man an diesem Säulendiagramm nicht sehen.
4. Wie alt ist der älteste Lehrer?
   Der älteste Lehrer ist zwischen 56 und 60 Jahren alt. Wie alt er genau ist, kann man an dem Säulendiagramm nicht ablesen.
5. Wie viele Lehrer sind älter als 50 Jahre?
   Acht Lehrer sind älter als 50 Jahre.
6. Wie heißt der älteste Lehrer der Schule?
   Das kann man an diesem Säulendiagramm nicht ablesen, also kannst du diese Frage nicht beantworten.
7. Wie viele Lehrer sind zwischen 25 und 45 Jahre alt?
   37 Lehrer sind zwischen 25 und 45 Jahren alt.
8. Wie viele Lehrer sind jünger als 36 Jahre?
   Zwölf Lehrer sind jünger als 36 Jahre.
9. Wie viele Lehrer sind älter als 32 Jahre?
   Das kann man an diesem Säulendiagramm nicht ablesen, also kannst du diese Frage nicht beantworten.

2.7 Säulendiagramm lesen IV / Englischnoten S. 41

Aufgabe

Diagramm **A** passt zu den dargestellten Daten, weil *die Säule für die Note 2 mehr als doppelt so hoch ist wie die Säule für die Note 1. Das passt zu den angegebenen Daten. In Diagramm B unterscheiden sich die Säulen für die Noten 1 und 2 kaum.*

2.8 Säulendiagramm lesen V / 50-m-Lauf S. 42

Aufgabe

1. Um wen oder was geht es in diesem Diagramm?
   Es geht in diesem Diagramm um die Ergebnisse der Klasse 6b beim 50-Meter-Lauf.
2. Wie viele Schüler laufen schneller als 8,1 Sekunden?
   10 Schüler laufen schneller als 8,1 Sekunden.
3. Wie schnell läuft der beste Schüler?
   Der beste Schüler läuft zwischen 7,8 und 7,4 Sekunden.
4. Wie viele Schüler laufen zwischen 9,2 und 8,1 Sekunden?
   14 Schüler laufen zwischen 9,2 und 8,1 Sekunden.
5. Wie viele Mädchen laufen schneller als 8,5 Sekunden?
   Das kann man an diesem Säulendiagramm nicht ablesen, also kannst du diese Frage nicht beantworten.
6. Wie viele Schüler laufen langsamer als 8,9 Sekunden?
   Drei Schüler laufen langsamer als 8,9 Sekunden.
7. Wie heißt der schnellste Schüler beim 50-Meter-Lauf?
   Das kann man an diesem Säulendiagramm nicht ablesen, also kannst du diese Frage nicht beantworten.

2.9 Schlaue Fragen zu einem Säulendiagramm S. 43

Aufgabe 1

1. Wie viele Schüler essen am liebsten Pommes?
   Zehn Schüler essen am liebsten Pommes.
2. Wie viele Schüler wurden insgesamt befragt?
   41 Schüler wurden insgesamt befragt.
3. ... *Hier sind noch viel mehr Fragen möglich. Wenn dein Partner sie beantworten konnte, sind deine Fragen richtig.*

Aufgabe 2

1. „Was ist dein Lieblingsessen?"
2. „Was isst du am liebsten?"
3. „Was magst du besonders gern essen?"

2.10 Dinge vergleichen S. 44

Aufgabe

2.11 Säulendiagramme vergleichen I S. 45

Aufgabe

a) In welcher Klasse wollen mehr Schüler den Beruf des Malers und Lackierers lernen?
   In der Klasse 9b wollen mehr Schüler Maler und Lackierer werden.
b) Wie viele Schüler wollen insgesamt Bäcker/-in werden?
   Insgesamt wollen 20 Schüler Bäcker/-in werden.
c) Welche Berufe sind in beiden Klassen gleich beliebt?
   In beiden Klassen sind die beliebtesten Berufe Bäcker und Chemielaborant.
d) Welcher Beruf ist in der 9a und in der 9b der unbeliebteste?
   Der unbeliebteste Beruf ist in beiden Klassen der des Malers und Lackierers.
e) In welcher Klasse wurden mehr Schüler befragt?
   In der Klasse 9a wurden mehr Schüler befragt.

2.12 Säulendiagramme vergleichen II S. 46

Aufgabe

Gemeinsamkeiten	Unterschiede
Jungen und Mädchen mögen beide das Lied „Apologize“ gern.	Nur vier Mädchen mögen das Lied „Living la vida“, aber sechs Jungen mögen dieses Lied.
Jeweils zwei Jungen und zwei Mädchen mögen das Lied „Stark“.	Das Lieblingslied der Mädchen ist Apologize“. Das der Jungen ist „Living la vida”.
Jeweils zwei Jungen und zwei Mädchen mögen das Lied „I kissed a girl“.	Bei den Jungen ist das Lied „Living la vida“ beliebter als bei den Mädchen.

2.13 Zwei Säulendiagramme vergleichen S. 47/48

Aufgabe 1
Es gibt zwei Säulen zu jedem Popstar, weil die Daten von Mädchen und Jungen getrennt dargestellt worden sind. Die hellen Säulen stehen für die Daten der Mädchen. Die dunklen Säulen stehen für die Daten der Jungen.

Aufgabe 2

Gemeinsamkeiten	Unterschiede
Je drei Jungen und drei Mädchen mögen Eminem.	Bei den Mädchen sind Monrose viel beliebter als bei den Jungen.
Je fünf Mädchen und fünf Jungen mögen Sido.	Die Jungen mögen Bushido lieber als die Mädchen.
Jeweils sechs Jungen und sechs Mädchen mögen 50 Cent.	Nur ein Junge sagt, dass Juli seine Lieblingsgruppe ist, aber zwölf Mädchen.
	17 Mädchen mögen Tokio Hotel am liebsten, aber nur 6 Jungen.

2.14 Das Kreisdiagramm kennenlernen S. 49/50

Aufgabe 1

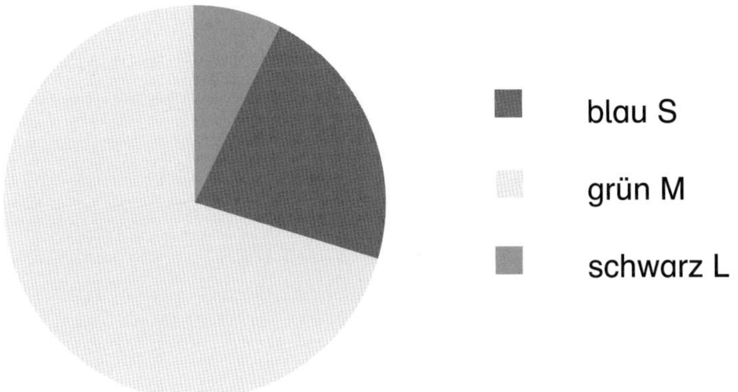

Aufgabe 2
Das **Kreisdiagramm** sieht aus wie eine Torte. Die Daten aus einer Umfrage werden in Datengruppen sortiert. Die einzelnen Tortenstücke stellen die Daten einer Datengruppe dar. Wenn man zum Beispiel eine Häufigkeitstabelle mit 3 Datengruppen hat, wird das Kreisdiagramm in **3** Tortenstücke unterteilt. Je größer eine Datengruppe ist, desto **größer** ist auch das Tortenstück. Wenn alle Datengruppen gleich groß sind, wird der Kreis in gleich große Stücke unterteilt.

Aufgabe 3 und 4

Zu 3:

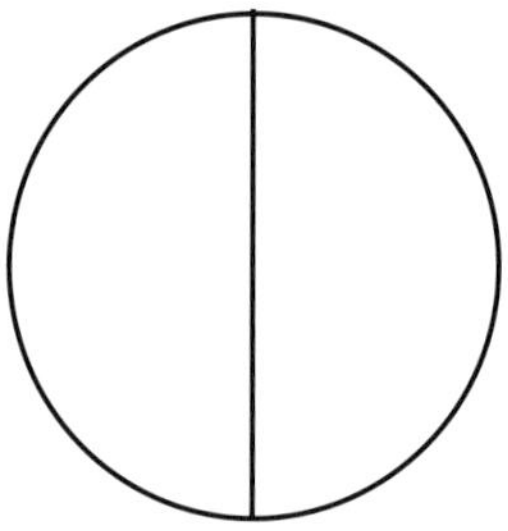

Zu 4:

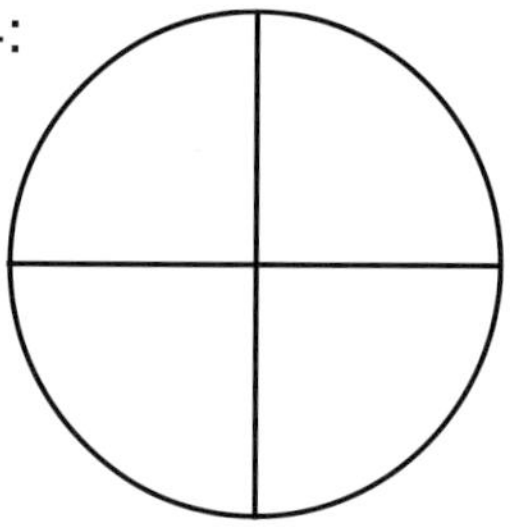

2.15 Zuordnung: Kreisdiagramm zu Säulendiagramm S. 51

Aufgabe 1
1B, 2A

Aufgabe 2
Das Kreisdiagramm, bei dem das größte Tortenstück weiß ist, gehört zu dem Säulendiagramm, dessen höchste Säule weiß ist.

2.16 Daten zuordnen - Kreisdiagramm S. 52

Aufgabe 1

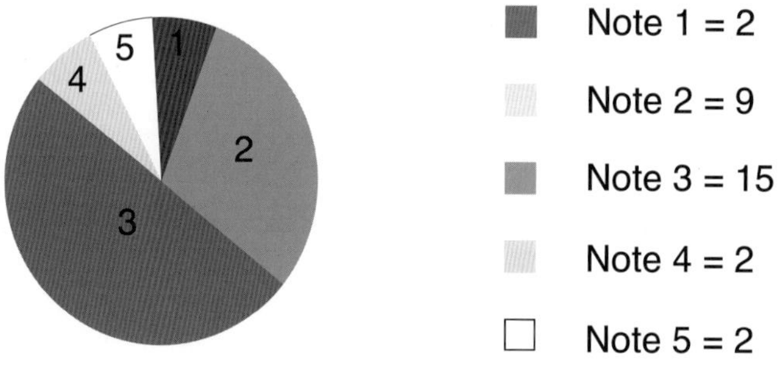

Aufgabe 2

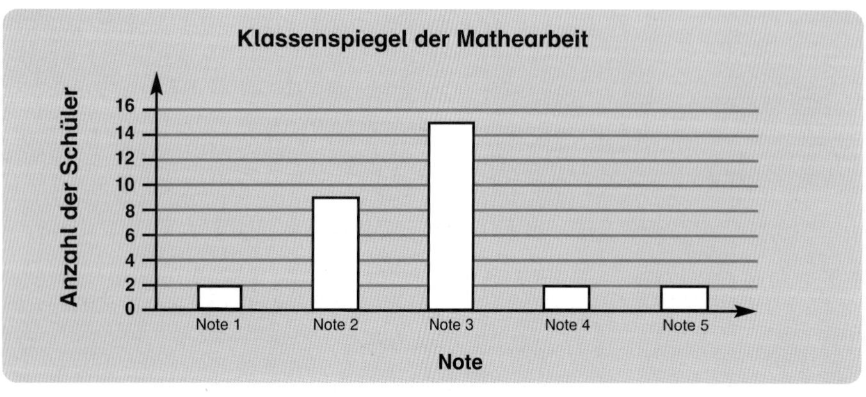

3.1 Ein Säulendiagramm zeichnen S. 53

Aufgabe

Hier hat jeder eine andere Lösung.

3.2 Von der Häufigkeitstabelle zum Säulendiagramm S. 54/55

Aufgabe 1

„Welches PC-Spiel magst du am liebsten?“

Aufgabe 2

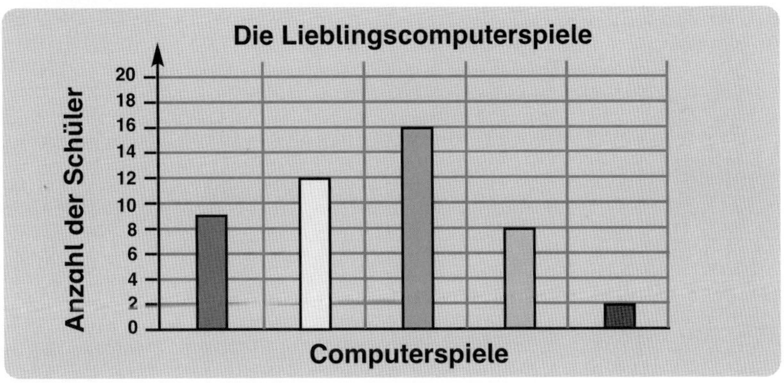

- War Craft
- Sing Star
- Sim City
- Super Mario
- Die Minen von Moria

Aufgabe 3

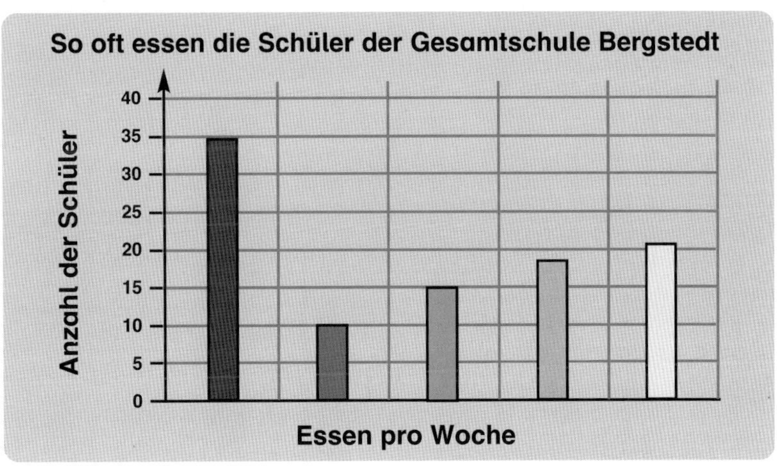

- 1-mal pro Woche
- 2-mal pro Woche
- 3-mal pro Woche
- 4-mal pro Woche
- 5-mal pro Woche

3.3 Ein Säulendiagramm zeichnen und Fehler erkennen S. 56

Aufgabe 1

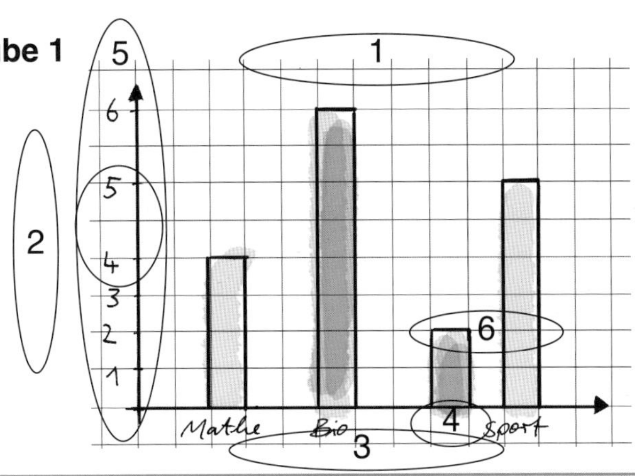

1 Die Überschrift fehlt.
2 Die Y-Achse hat keine Bezeichnung.
3 Die X-Achse hat keine Bezeichnung.
4 Eine Säule ist nicht beschriftet.
5 Die Abstände auf der Y-Achse sind nicht gleich groß.
6 Der Abstand der Säulen ist nicht gleich groß.

Aufgabe 2

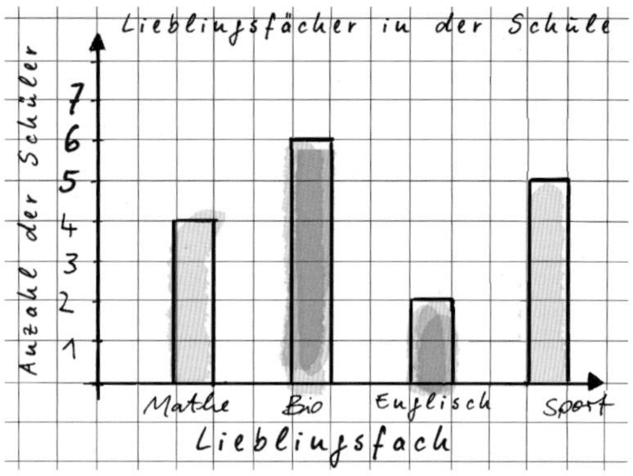

3.4 Ein Säulendiagramm erstellen S. 58

Aufgabe

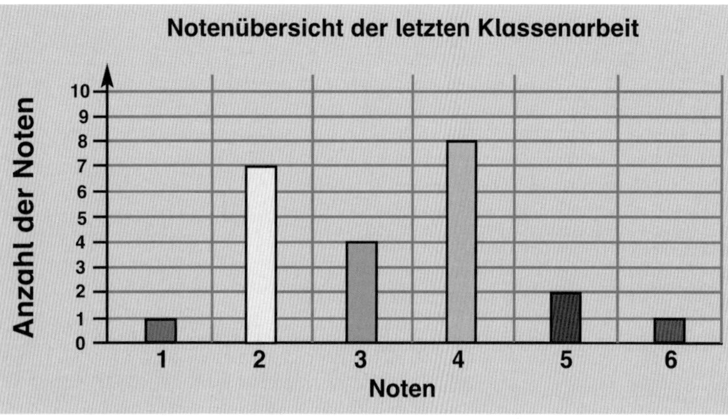

3.5 Ein Achsenkreuz sinnvoll unterteilen S. 59/60

Aufgabe 1

A

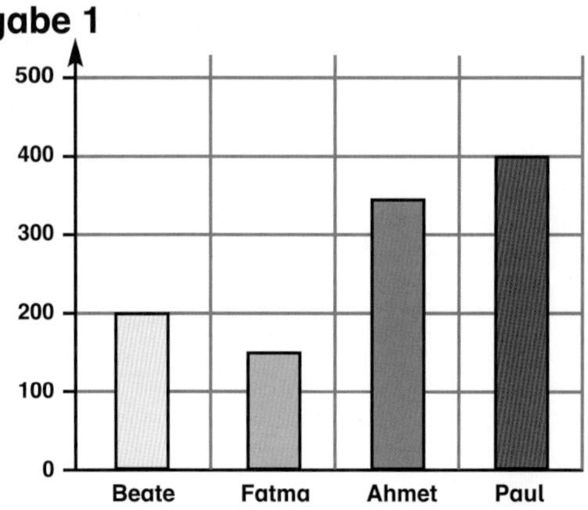

B

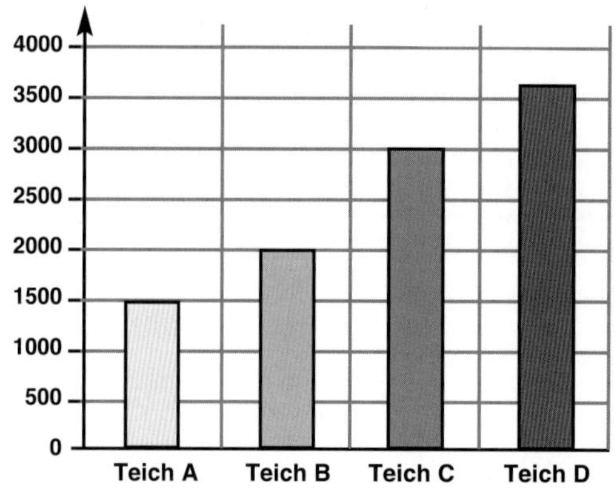

C

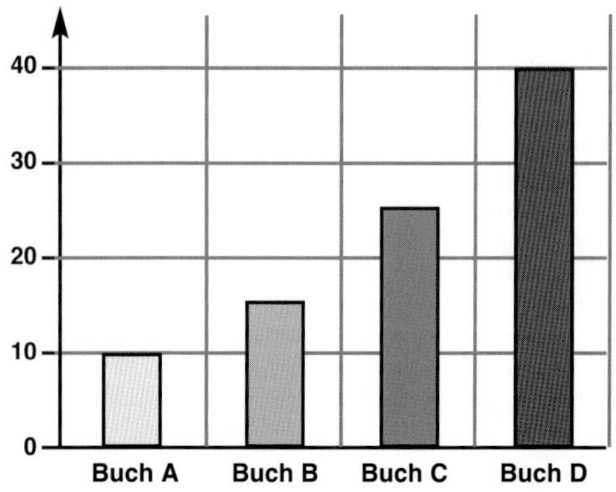

Aufgabe 2
Sonitas Daten sind schwieriger einzuzeichnen, weil für die Anzahl ihrer CDs keine Linie in das Achsenkreuz gezeichnet ist. Um die Säule für Sonitas Daten richtig einzuzeichnen musst du auf der Y-Achse die Mitte zwischen 10 und 20 finden.

Aufgabe 3 und 4

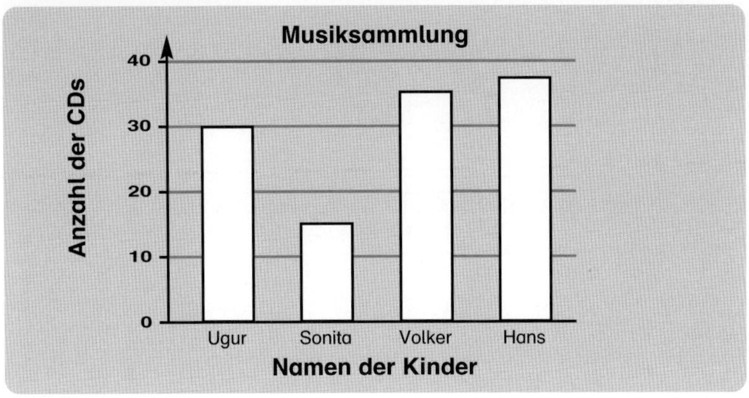

3.6 Ein eigenes Achsenkreuz erstellen — S. 61

Aufgabe

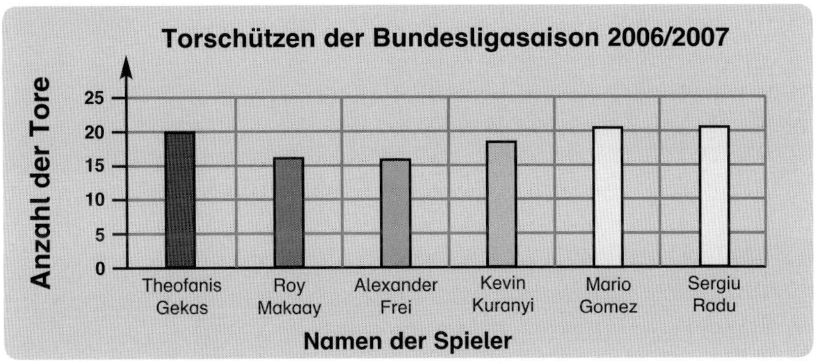

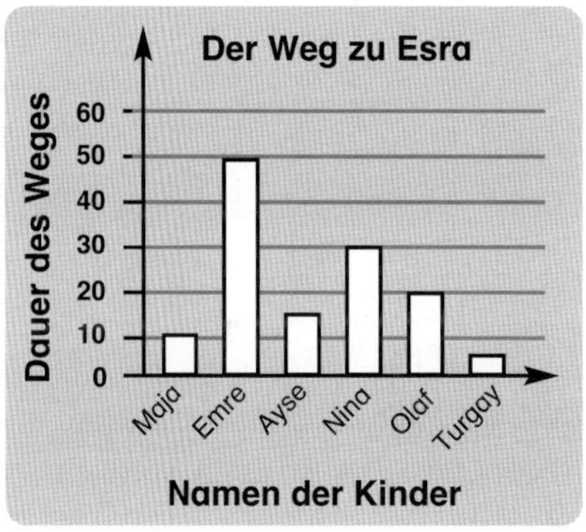

3.7 Ein Achsenkreuz und ein Säulendiagramm erstellen — S. 62

Aufgabe

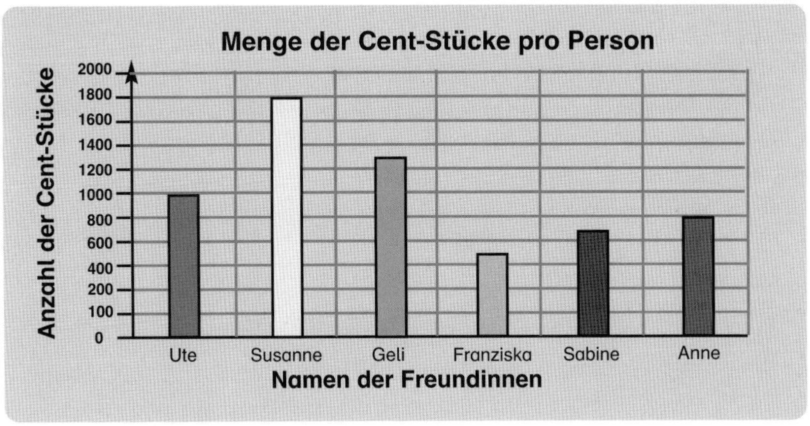

3.8 Expertenaufgabe: Ein Balkendiagramm erstellen S. 63

Aufgabe 1

Aufgabe 2

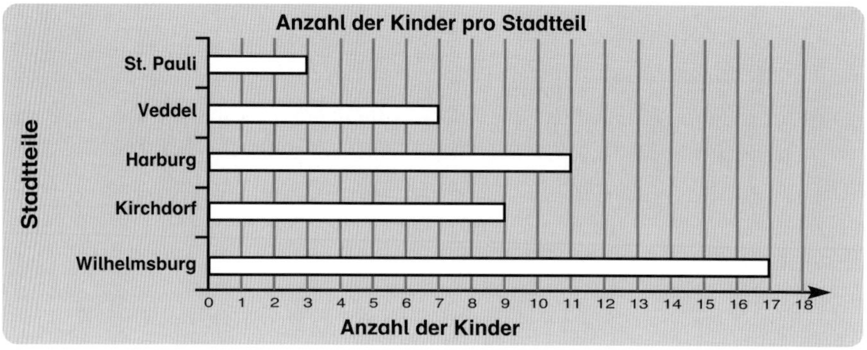

4.1 Daten der Größe nach ordnen/Rangliste S. 64/65

Aufgabe 1
5 < 9 < 11 < 12 < 14 < 16 < 17 < 18 < 21 < 22 < 27 < 31 < 33 < 37

Aufgabe 2
a) 0 < 1 < 2 < 3 < 4
b) 1,43 m < 1,49 m < 1,55 m < 1,61 m < 1,62 m
c) 37 kg < 39 kg < 41 kg < 42 kg < 45 kg

Aufgabe 3
a) Das Kind mit den wenigsten Geschwistern hat keine Brüder oder Schwestern.
Das Kind mit den meisten Geschwistern hat vier Geschwister.
b) Das kleinste Mädchen ist 1,43 m groß.
Das größte Mädchen ist 1,62 m groß.
c) Der leichteste Junge wiegt 37 kg.
Der schwerste Junge wiegt 45 kg.

4.2 Eine Rangliste erstellen/Sachrechenaufgaben S. 66

Aufgabe 1
Hier gibt es verschiedene Lösungen. Eine ist: 1 < 1,5 < 2,5 < 3 < 4

Aufgabe 2
7 Schulfreundinnen treffen sich nach Jahren wieder. Sie holen die Fotos ihrer Kinder raus und vergleichen, wie alt diese sind. Das jüngste Kind ist erst 1 Jahr alt. Das zweitjüngste ist schon über 3 Jahre älter. Zwei Kinder sind nur einen Monat auseinander. Das älteste Kind ist schon fast 14.

Aufgabe 3
Hier gibt es verschiedene Lösungen. Fest stehen: 1 < 14, das zweitjüngste Kind ist mindestens 4, zwei Kinder sind fast gleich alt, also haben sie dieselbe Zahl an Jahren.
Eine mögliche Lösung wäre: **1** < 5 < 8 = 8 < 10 < 12 < 13 < **14**

4.3 Ranglisten für Experten S. 67

Aufgabe 1

a) 7 x 5 = 35
Sie ist in dieser Woche insgesamt 35 km gelaufen.
Möglichkeit 1: 3 < 4,5 < 5 < 6,5 < 7 < 9
Möglichkeit 2: 1 < 2 < 4,5 < 5,5 < 6 < 7 < 9

b) Hier gibt es unterschiedliche Antworten. Zum Beispiel wie Möglichkeit 1: 3/9
Möglichkeit 2: 1/9

Aufgabe 2

Rangliste: 4 < 6 = 6 < 7 < 8 < 9 < 10

4.4 Der Zentralwert S. 68/69

Aufgabe 1

a) Zuerst erstelle ich eine **Rangliste**: 1 < 3 = 3 < 5 < 6 < 7 < 10
b) Jetzt gucke ich, welcher Wert in der **Mitte** steht.
Der Zentralwert ist: 5

Aufgabe 2

15 < 18 < 20 < 25 < 35
Der Zentralwert ist: 20

Expertenaufgabe

2 Wochen (= 14 Tage), 3 Wochen und 3 Tage (= 24 Tage), vom 11. August bis zum 23. August (= 12 Tage), 5 Wochen (= 35 Tage)
3 Tage < 7 Tage < 10 Tage < 12 Tage < 14 Tage < 24 Tage < 35 Tage
Der Zentralwert ist: 12

4.5 Den Zentralwert ermitteln S. 70/71

Aufgabe 1

22 + 42 = 64
64 : 2 = 32
Der Zentralwert ist 32.

Hier sind nicht die beiden Werte aus der Mitte addiert worden, sondern der größte und der kleinste Wert.

36 – 32 = 4
4 : 2 = 2
Der Zentralwert ist 2.

Hier sind die beiden Werte aus der Mitte nicht addiert worden, sondern subtrahiert worden.

36 + 32 = 68
68 : 4 = 17
Der Zentralwert ist 17

Hier sind die beiden Werte aus der Mitte nicht durch 2 geteilt worden, sondern durch 4.

Aufgabe 2

32 + 36 = 68
68 : 2 = 34
Der Zentralwert ist **34**.

Aufgabe 3

1. Die Rangliste: 82 < 120 < 163 < 204 < 216 < 360 < 387 < 432 < 509 < 627
   Der Zentralwert: 216 + 360 = 576
   576 : 2 = **288**
2. Die Rangliste: 1 kg < 1,5 kg < 1,7 kg < 2,3 kg < 2,5 kg < 3 kg
   Der Zentralwert : 1,7 kg + 2,3 kg = 4 kg
   4 kg : 2 = **2** kg

4.7 Die Spannweite S. 73

Aufgabe

a) 1. Die Rangliste: 2 < 3 < 5 < 7 < 8 < 9
   2. Der größte Wert ist: 9
   3. Der kleinste Wert ist: 2
   4. Die Differenz ist: 9 – 2 = 7
   5. Die Spannweite beträgt also: 7

b) 1. Die Rangliste: 35 < 36 < 39 < 42
   2. Der größte Wert ist: 42
   3. Der kleinste Wert ist: 35
   4. Die Differenz ist: 42 – 35 = 7
   5. Die Spannweite ist also 7.

4.8 Rangliste, Spannweite und Zentralwert S. 74

Aufgabe 1

1. Die Rangliste: 1,37 m < 1,39 m < 1,41m < 1,42 m < 1,45 m < 1,53 m < 1,57 m < 1,61 m < 1,62 m
   a) Der größte Wert ist 1,62 m.
   Der kleinste Wert ist 1,37 m.
   b) 1,62 – 1,37 = 0,25 m. Die Spannweite ist 0,25 m.
   c) 1,45 m + 1,53 m = 2,98 m / 2,98 m : 2 = 1,49 / Der Zentralwert ist 1,49 m.
2. Die Rangliste: 2,56 m < 2,98 m < 3,52 m < 3,69 m < 3,75 m < 3,78 m < 3,87 m < 4,01 m < 4,04 m
   a) Der größte Wert ist 4,04 m.
   Der kleinste Wert ist 2,56 m.
   b) 4,04 m – 2,56 = 1,48 m. Die Spannweite ist 1,48 m.
   c) Der Zentralwert ist 3,75 m.

Aufgabe 2

Lösung **Peter**:
die Rangliste: 2 = 2 = 2 < 3< 4
der größte Wert: 4
der kleinste Wert: 2
die Spannweite: 4 – 2 = 2
der Zentralwert: 2

Lösung **Mary**:
die Rangliste: 1 < 2 < 3 = 3 < 5
der größte Wert: 5
der kleinste Wert: 1
die Spannweite: 5 – 1 = 4
der Zentralwert: 3

Lösung **Paul**:
die Rangliste: 1 = 1 < 2 < 3 < 4
der größte Wert: 4
der kleinste Wert: 1
die Spannweite: 4 – 1 = 3
der Zentralwert: 2

d) Hier kann jeder seine eigene Meinung aufschreiben, nur begründet muss sie sein.

4.9 Spannweiten berechnen S. 75

Aufgabe

1. *Die Koalas*:
   Lösung: zum Beispiel: 23 < 28 < 32 < 38 < 42
   der Zentralwert: 32
   die Spannweite: 42 – 23 = 19
2. *Die Löwen*:
   Lösung: zum Beispiel: 18 < 23 < 26 < 28 < 35 < 43
   der Zentralwert: 26 + 28 = 54 54 : 2 = 27
   die Spannweite: 43 – 18 = 25
3. *Die Pinguine*:
   Lösung: zum Beispiel: 14 < 24 < 25 < 27 < 30 < 44
   der Zentralwert: 27 + 25 = 52 52 : 2 = 26
   die Spannweite: 44 – 14 = 30
4. *Die Wale*:
   Lösung: zum Beispiel: 21 < 24 = 24 < 26
   der Zentralwert: 24 + 24 = 48 48 : 2 = 24
   die Spannweite: 26 – 21 = 5
5. *Die Füchse:*
   Lösung: zum Beispiel: 21 < 25 < 30 < 34 < 43
   der Zentralwert: 30
   die Spannweite: 43 – 21 = 22

4.10 Rangliste, Spannweite und Zentralwert S. 76

Aufgabe 1

a) Der größte Wert ist 11.
   Der kleinste Wert ist 3.
b) Die Spannweite ist 4 (11 – 3 = 4)
c) Der Zentralwert ist 6 (3 < 4 < 5 < 7 < 8 < 11 / 5 + 7 = 12 ; 12 : 2 = 6)

Aufgabe 2

a) Hier die Ranglisten der beiden Mannschaften:
   Mannschaft Klein Döhren: 13,56 < 13,65 < 13,83 < 14,33 < 14,79 < 15,41
   Mannschaft Groß Döhren : 13,37 < 13,98 < 14,03 < 14,11 < 14,92 < 15,20
b) Der Zentralwert für die Mannschaft aus Klein Döhren ist:
   13,83 m + 14,33 m = 28,16 m : 2 = 14,08 m
   Der Zentralwert für die Mannschaft aus Groß Döhren ist:
   14,03 m + 14,11 m = 28,14m : 2 = 14,07 m
c) Die Spannweiten sind wie folgt:
   Klein Döhren: 15,41 m – 13,56 m = 1,85 m
   Groß Döhren: 15,20 m – 13,37 m = 1,83 m
d) Für die Entscheidung, wer Sieger wurde, ist entscheidend, wie die Ergebnisse zählen. Nimmt man allein das weiteste Ergebnis, hätte Klein Döhren das Turnier mit 15,22 Metern gewonnen.
   Möglich wäre allerdings auch, alle Ergebnisse zusammenzuzählen. Die Sieger-Mannschaft mit der größeren Summe wäre in diesem Fall Groß Döhren (85,61 m im Vergleich zu Klein Döhren mit 85,57 m).
   Vielleicht könnte auch der Zentralwert für die Bestimmung des Siegers entscheidend sein. Nach dem Motto: Es zählt, wer in der Mitte den höheren Wert hat. Ausreißer nach oben und

unten werden hier weniger beachtet.
Oder es lässt sich mithilfe der Spannweiten ein Sieger bestimmen. Ein kleinere Spannweite könnte zeigen, dass es in der Mannschaft keinen sehr guten oder sehr schlechten Spieler gibt, sondern alle dicht beisammen sind.
Es kommt also auf die Regeln des Wettkampfes an.
Vielleicht fällt dir ja auch noch ein ganz anderes Regelwerk für die Bestimmung der Sieger-Mannschaft ein.

Quellen/Fotos

Titel:	Kinder © Kristian Sekulic – Fotolia.com
S. 21	Basketballkorb © Mike Eikenberry – Fotolia.com
S. 49/61	Torwart © Michael Flippo – Fotolia.com
S. 66	Inlinerin © James Peragine – Fotolia.com
S. 73	Flugzeug © Rudolf Lettner – Fotolia.com